自然生活家 42

圖解
五葉松
盆栽技法

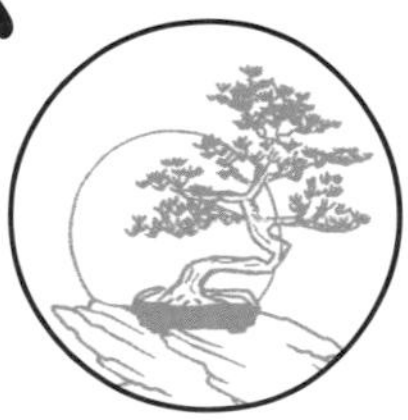

劉立華——著

晨星出版

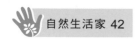

目次

自序

筆者自幼喜好觀察自然界及植物盆栽的種植。高中就讀中部職校的美工科，畢業後跟隨家父從事木匠事業並取得室內設計師證照，以室內設計爲業。

從國中時期，受喜愛植物的父親影響，從接觸生平第一棵五葉松開始，便對五葉松有著偏執的喜好，碰巧自己的居家環境有後院空地，因此對養護盆栽就更加如魚得水，也常取零用錢購入住家附近採集不到的植物來進行創作練習。家父見我興致盎然，偶爾也會從外處帶回一些令我驚喜的植栽，讓我有更多機會學習盆栽管理。當年（西元一九八〇～二〇〇〇年）臺灣盆栽界的傳授方式尙屬封閉，筆者幾乎只能靠自學方式，近距離觀察手中所有植物的特性土法煉鋼，走著累積經驗的路。也在那時，從父親手中取得第二棵五葉松苗，開啓了我的五葉松創作之路。

起初，珍惜著得來不易的松苗，一開始的管理只敢以每天澆水，每年略微修剪的保守節奏呵護著，之後，隨著慢慢購入愈來愈多的五葉松培育，才全面開啓創作道路。在這一年的培育創作期間，除了自己觀察摸索自創外，也開始尋求各界種植五葉松前輩們的指導。無奈筆者對於各前輩的分享陳述，總難

獲得全面式的創作管理概念。現在想來，當時無非是極度渴望能獲得一本如武林祕笈般的絕世心法，立即讓創作的雙手能如騰雲般行雲流水。

而在經年累月創作後的今天，創作過程中的五葉松帶給我無數的感動與驚豔，啓發了我深切想分享所有經驗給五葉松同好作爲參考的念頭。本書內容除了有筆者四十年的創作經驗累積外，更有因長年喜愛騎自行車穿梭於山林間觀察大自然的回饋。經年瀏覽林間的自然樹形，慢慢催化了筆者內心對於臺灣五葉松與山野林間自然樹形巧妙的融合，所以藉著此書，筆者希望能讓有興趣的愛好者在五葉松盆栽創作的世界中，除了一般認定的既有樹形外，也能以較就手的自然樹形及不違背植物特性的方式進行創作。

在積極創作的同時，筆者人生亦起了極大變化，然而未曾間斷的持續創作，似乎也讓我逐漸探究了人生的端倪，而將一切思緒轉化積纍成一本書冊，期盼以更謙卑包容的心，爲同好略盡綿薄助益。

感謝一路相陪的好友們，理念的異或同都是切磋前進的動能，只要創作道路的步伐不懈。我要將此書獻給同好們、我深愛的女兒——宇晴，以及一生中最重要的人——金玲。

午後陽光溫柔的潑灑在長廊上，葉斑的點點餘光讓樹身空隙間的枝條更加透明，伸展於樹肩上的剔透綠葉盡情地汲取每一縷金黃，經年累月汲汲營營造就了這百年樹身。

◆樹身高度：55cm
◆盆器：南蠻淺圓盆

每個盆栽在各位創作者心中都有屬於它該有的樣貌。無論是自然的、經過人為雕塑、簡單還是趨近繁複，每種樹形都有既定的創作之道可依循。美的境界便是經過最初人為創作後透過時間積累，慢慢還原淬煉出的自然味。

◆樹身高度：26cm
◆盆器：撫角朱泥長方盆

◆樹身高度：26cm ◆盆器：外緣撫角紫泥長方盆

低海拔深冬，多數落葉性物種褪去綠衣裳裸著枝條以度過嚴冬，五葉松也隨著季節變化留下一身亮麗青黃。這身青黃將隨冬去春來再次披上綠衣。歲時輪轉，五葉松持續不斷展現季節嬗遞之美。

決定樹身元素的去留，總會令人躊躇不決，琢磨著是否因此樹身會少了互相衝突激發的靈感，然而創作中有捨必有得，去除大量培養過程中所留下的枝條後，那樹身美麗的轉折便脫穎而出。

◆樹身高度：18 cm
◆盆器：鐵砂淺圓盆

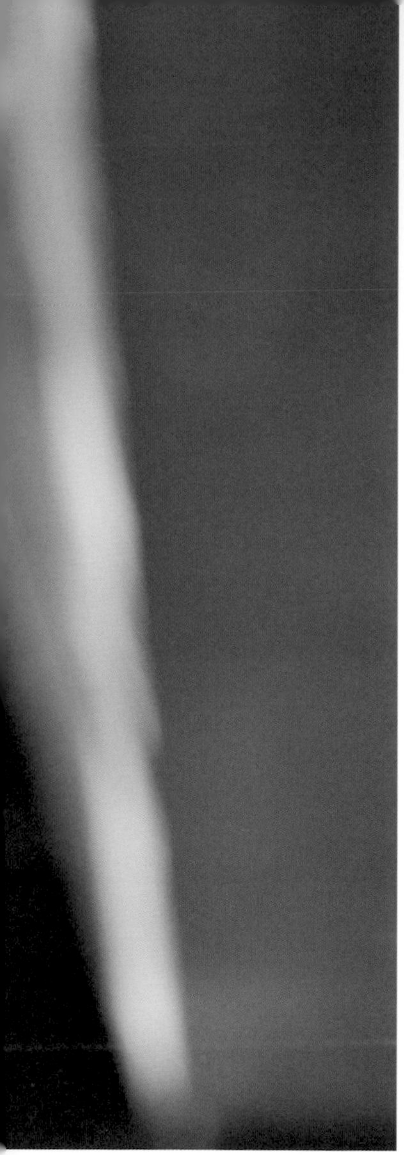

化繁爲簡的原則對盆栽創作而言，看似簡單卻實則難以企及。簡單在於心法的樸素，難在天時地利人和物齊的偶遇，在這由枝條與葉群分布而出的層次與微傾樹身構成的深色剪影，透著陰翳的弱光完美展現輕盈的樹身與櫛比鱗次的枝棚樣貌。

◆樹身高度：65cm ◆盆器：南蠻鐵砂淺圓盆

小松們宛如孩童般調皮地引頸側身往外窺探，見到誰了呢？是秋冬暖陽的日光浴，抑或是與小松們相視的遊客。

◆樹身高度：15 cm ◆盆器：手捏變形鞍馬盆

這美好又晴朗的夏天，總愛帶著它們一起遊戲人間。身處在鏡頭之下的小泥人早已擺好各種戲劇化的姿態表情，等著我舉起相機捕捉它們的微妙生動。

刻意將這高聳直立的松靜置在簷廊轉折處，周圍灰牆將光線更加柔和地映照於樹身間，葉群本擁有的光澤層次及厚度在幽暗間更加散發，隱沒中雖未能洞悉枝棚間究竟隱藏了什麼，但松枝針葉間依然清楚透露著這松的孤傲之美。

◆樹身高度：66cm
◆盆器：鐵砂淺圓盆
◆盆栽提供：張欽地

Part 1

入門篇

為什麼從五葉松開始

植物中學名有案的物種約有二十幾萬，相信在這處處驚奇的綠色世界中，尚有許多物種從未聽聞。如同筆者園子中的石化退化檜，常令來客感到新奇。每當造訪國家公園，佇立仰望於千年老木前，也未曾想過有一天，我們竟然能從幾十公尺高的變異枝條取下一枝，作爲扦插苗，一直繁衍至今而成爲指掌間的迷你盆栽。大部分植物都有其可塑性，也能仿照自然界的樹形，變化出最適合它的樹形和大小，就如石化檜，它可以迷你到指尖之間，也可以創作至高及腰際，其柔細的葉子，幾乎可以將盆栽中所謂的形小相大、物微意遠發揮到淋漓盡致。但如果將本島大型鄉土物種如茄苳，種植於盆內再縮小至迷你盆栽尺寸，這筆者嘗試了數回的種植遊戲，不禁苦笑爲自討苦吃，只因忤逆樹性使然。

臺灣中、低海拔的山間野嶺始終有群松圍繞。由於筆者早年經常穿梭於蒼勁松姿林蔭間，遠眺近望之際，無意中竟將樹姿形象深刻烙印於腦海中。只是雖常有想法，卻未能將腦海中的各類崇山峻嶺樹形復刻於園中各項物種身上。直到手中開始有了幾株臺灣五葉松，慢慢地試著仿效山嶺孤松之樣貌作爲創作方向，在數年間不斷的探究實作中，更漸漸地掌握如何在日常的管理方式下，將枝椏節間與松葉長度作有效的等比例枝大小控制，自此開啓了依自在管理創作方式，實現了將荒山野嶺間蒼老松木型態縮小於桌上盆木的初心，進而將歷經約四十年創作之路累積的心得，於書本文字間分享予同好。

山野林壑間常見樹身蒼勁，
枝條隨風跳躍的五葉松。

植物養護通則

將一棵植物種植於盆缽中即可稱爲盆栽，盆栽植物雖不需要時時刻刻呵護，但每天仍需面對不少課題，像是因應植物所處的環境（溼度）需要多少水分、該植物需使用何種泥土介質、每天的日照是否充足、種植一段時日後是否需要施予適當的肥料等。若種植的盆栽植物屬花果類或冬季落葉性樹種，每數年需要爲其更換一次泥土介質；若是松柏科，在換盆改植時要是挑選品質較好的泥土介質，只需每年給予適量肥料，甚至可長達十年都不需要再次更換介質。因此，我們可將植栽照顧簡單歸納出下列五點通則：

溼度佳的置場環境

每一種植物都有各自喜好的溼度環境，例如大部分的多肉植物喜歡通風、乾燥且溫差大的環境，以苔蘚爲主要培養物種的青苔球則喜歡地面潮溼且空氣溼度高的環境，木本科盆栽或是松柏類屬的盆栽則需要能提供全日照的環境。每一種盆栽植物都有各自適合的置場，但不管盆栽（種在盆子裡的植栽）物種爲何，置場環境底層的溼度是我們應該盡量提供的，而底層的溼度該如何提供呢？假如置場環境原本

1

就在一樓或室外，可利用正常澆水所流滴下來積在花架底層下的餘水層，慢慢蒸發成爲環境的相對溼度。

這溼度對於整個置場環境是有幫助的，如果置場環境是二樓以上的陽臺、露臺或頂樓露臺，早上雖有澆完水後流滴棚架下的水可慢慢蒸發，但在炙熱的夏陽或秋冬強勁的東北季風吹襲下，較小盆器中的盆土會很快的蒸乾或風乾，這時可以粗砂或細石子（直徑不超過0.5 cm爲佳）鋪設在樓板上方約4～6 cm深，作爲保留澆水時所流滴下來的水分儲存處，滲入底層的水分將會慢慢蒸發，爲整個置場環境提供相當溼度。如果是剛入門者或所種植的數量並不多，或只有少數幾棵需要注意保溼的迷你盆栽時，則可以使用黑色長方形的塑膠製培養苗皿，在底部鋪上細石或赤

1&2&3&4 筆者相當偏好以木製格架創造置場空間，不僅流露出柔軟且自然的韻味，相較於空心磚或其他水泥製品，松木架於日常澆水時，可將流於盆外的水分吸入木板，之後水分會再於後續時間慢慢蒸發而上，提供良好的溼度環境。

玉土做保溼兼增加溼度用。若欲增加質感，可使用砂皿，再以市售的杉木自行DIY組合，甚至可以刷上喜歡的顏色，增添置場的活潑度。

再者，置場的通風對盆栽養護也極爲重要。一般盆栽水分的蒸發，除了陽光照射外，過強的氣流也是迅速帶走盆內及葉群水分的原因之一。若氣流過強，除了增加每天例行澆水次數外，也可以使用原木屏風或黑色網子將風向較強的方向略微遮檔，避免水分過度散發。

此外，颱風期間常會颳起焚風或乾燥強風，在這樣的強風吹襲下，會使五葉松或植物葉片較薄的盆栽植物發生葉尾焦黃或葉片脫水。據筆者研判，葉尾焦黃應是受了高於常溫的強勁暖風迅速帶走植物葉面水分，使根群無法快速供給水分所致，爲避免此情形發生，可在吹颳焚風時儘速啓動灑水器或人工補水，爲置場內的盆栽葉面灑水，以增加葉面水分蒸散的時間，這步驟可多次使用，直至焚風、乾風停歇。

塑膠皿中的細石子尺寸以 0.3 ～ 0.5cm 為佳。細石子除了提供保溼效果外，更能有效防止位於大樓頂樓或曝晒過度的水泥樓板等置場因午後日晒蒸發而上的熱氣，對植栽造成的影響。

以具有質感之杉木板或木條 DIY 製作而成的盛石皿，作用同於塑膠砂石皿，用心動手做更能延伸盆栽種植之樂趣。

植物所需日照量

植物在自然界（原生地）都會選擇最適合自己的生長條件，有些需要有全天候充足日照，有些是早上或下午半日照，也有整日只需有林蔭薄光的投射，更有整日不需直接日照，只需白天些微的光線就足以存活，生存條件不一而足。依以上不同的生存條件，可將植物區分為全日照、半日照（半遮蔭）或耐蔭植物等。

臺灣五葉松在正常情況下是可直接全日照，甚至面對秋末午間的豔陽也不需使用黑色遮陽網遮蔭，但筆者長年在臺灣五葉松原生地探尋它們的蹤跡時，卻發現大部分的幼齡松都是生長於有遮蔽的樹林下。據此，筆者嘗試以半日照方式管理幼齡期松苗，四～五年以上的五葉松則改以全日照方式管理，經全日照管理之針葉不僅能有如國畫般的渾厚短直，也能有矗立於山野岩壁間如山松般蒼勁結實的葉棚。

此外，坊間流傳有所謂的黃金五葉松，其為臺灣五葉松在秋季時，原本濃綠的葉色漸漸轉為較淡的青黃色，尤其在秋末冬初，陽光照射在略微金黃的葉稍時所呈現出的耀眼光澤，常使觀者賞心悅目而成就黃金之名。葉色之轉化乃松樹植物生理的正常現象，因臺灣五葉松在時入秋末之際，葉子不需太多葉綠素提供養分供給生長，所以葉綠素會慢慢減少，致使葉色看起來略微偏黃。這偏黃的葉色會一直持續到隔年二月松芽（春芽）開始萌發時，才又轉為濃綠的葉色，想要擁有亮麗金黃且具光澤的葉色，則需要全日照的置場環境較會產生。

陽光充足照耀之置場，在盆栽照顧及維護上有事半功倍之效。當朝陽或日落斜陽灑落在一片深淺翠綠葉間，流光溢彩，令人沉醉。

植物所需水量及澆灌時間

盆栽在不同季節會需要不同的澆水次數及不同的給水時間。以炎熱高溫的夏季及乾燥的秋季來說，早上及傍晚各一次較為恰當，而冬季與春季則是早上澆水一次即可應付一整天的水分蒸發。除了這些日常的澆水之外，還需要注意其他特殊性的澆水。例如園子裡的豆盆栽或迷你盆栽在炎炎夏日裡難免會發生正午時刻盆內缺水的情況，當這些小盆栽因缺水而發生葉尾或嫩芽有凋萎時，若直接以溫差過大（註1）的自來水澆灌，日後盆土內的根群可能會有腐根狀況產生。因此建議可以在盆栽置場中放一較大型的陶製容器，平時容器內可養些水草及小魚，防止蚊子幼蟲滋生，而容器內的水因與置場內植栽一樣會隨著日照而改變溫度，如遇午後盆內缺水時，則可直接使用容器內的水來澆灌。以相同溫度的清水澆灌植栽，則可避免因為水溫與盆內溫差過大而導致腐根的情況發生。

在冬季特別寒冷時則需注意澆水溫度是否過低，如遇低溫特報或寒流來襲，建議盡量在早上澆水，避開傍晚或晚上，因一般情況下，傍晚或夜晚的氣溫通常會持續下降，而在氣溫下降時澆水會使沾滿水滴的葉群枝棚溫度更低。若是原本就生長在高山氣候的針葉類，適應低溫應該沒問題，但如果是生長在熱帶或亞熱帶的低海拔闊葉樹種，遇此情形則葉片會有凍傷之虞。

註1：臺灣大多數地區由自來水廠提供用水，而水廠的供水管線多埋設於地面下再分流至住家供水系統，夏季時來自地下管線的自來水與棚架上缺水盆栽的溫差至少有20～35度；中南部仍有部分供水為井水，也一樣與缺水盆栽有極大溫差，建議盡量先使用地面式的容器盛裝日晒後再澆灌盆栽，以減少植栽受損機率。

以澆水器作為日常澆灌作業工具，賞心悅目之餘亦可保護盆面的泥土介質免遭過強水柱沖擊飛濺四處。

擺放置場間的陶製盛水容器因與盆栽置放架比鄰而居，故缸內之水溫相對較接近置場溫度，可依需求隨時取用。

泥土介質的選擇

泥土介質是盆栽種植中舉足輕重的要素之一，不同植栽需要的介質種類當然不盡相同，甚至有些植物是不需要泥土就可以存活。而大部分的植物都有適合自身屬性的泥土介質，如蘭花喜歡鬆軟的腐植土；落葉性物種的楓樹、櫸樹則是喜歡透氣性、保水性佳的顆粒土；針葉類的五葉松則喜好透氣性更佳的石礫砂或土。其實原因很簡單，走一趟這些植物的原生地，不難發現原生地的土質即是最適合它們的介質。

那什麼介質最適合臺灣五葉松呢？回到臺灣五葉松的原生地（註1）仔細觀察，在屬於它的生長環境可以找到以下幾種介質：雪山岩風化而成的細砂石、頁岩風化後的細砂石以及石英岩等。這些在原生地非常適合種植五葉松的介質，都是屬於質量細重量較重的石礫，隨手抓一把不會感受其重量，但當一整個盆器全都由這類砂石填積而成時，這相當有感的重量就並非每一個盆栽愛好者都能負荷而可輕易搬動的了。因此，在五葉松近五十年由野地馴化至盆栽化期間，前輩們也慢慢摸索出較能使眾多同好們接受的輕質介質，最後，溪床間的輕質山砂也就應運而生了。

目前坊間市面上較易購買到的介質有臺中后里山區的貓坑溪石（註2）、南投的北坑溪石、屏東的楓港溪石。而筆者以為，最適合五葉松根部生長的介質，需通風、保水且質量較輕，因此以貓坑溪石為勝。此介質除了有上述的特點之外，它還具備穩定、久植於盆內不碎不溶的特點，也因此項特點，在每次更換盆器與介質時，可將舊有的介質洗淨，經日晒消毒後重覆使用。

註1：臺灣五葉松原生地大致以中部大甲溪及北港溪流域兩側為其生長區域。

註2：貓坑溪石產地在臺中市后里區貓坑溪，靠近后里區火車站東側的山區河谷，而非南投市的貓羅溪。因兩者名稱形聲極為相似，常被誤以為是來自南投之貓羅溪，特此稍作釐清。

適用於各類松樹或針葉植物的不同介質。

1 取材於臺灣中部山區的粗顆粒輕質山砂。（貓坑溪石）**2&3** 大小顆粒之赤玉土，特性為質輕、保水性及透氣性佳。**4** 取材於一般溪流及砂石場業者處的石礫（一分石），除質地較硬、質量較重外，價格是最吸引人的。**5** 篩洗過後的陽明山土，顆粒最小，排水性佳，屬性近似於赤玉土。

1

3

2

5

4

適時適量的肥料

盆養的五葉松基本上不需要過多肥分，但適量的肥料補充仍是必須的，否則盆器中久未施肥的五葉松葉子會因缺乏元氣、偶爾失水而日益泛黃。五葉松一年之中應施予二～三次的肥料。以肥料的基本狀態可分爲液態肥與固態肥，分類上有化學肥料、有機肥料、生化肥料。關於施肥在後續章節還會有專篇詳述。

以施放方式而言，五葉松可分爲田培施肥及盆培施肥兩種。

田培施肥：田培狀態的五葉松因根系發展狀態良好，所以根系會大量分布在樹邊的土表周圍，筆者建議可用價格較爲低廉之化學肥料以多處定點的方式分布在樹旁。因化學肥料分解速度快，五葉松吸收得也快，所以短時間就能在五葉松樹身上的葉子及嫩芽看到成效。但也因化學肥料分解快速，建議一年中避開冬季不予施肥外，其餘按照春、夏、秋三季的節奏來施肥。而在施肥時，若能同時將整個田培園區以水澆灌，則其肥效會更顯著。

盆培施肥：由於盆土容積限制，在肥料的選擇上建議使用肥效釋出較爲緩慢的有機肥以避免肥傷，在春、秋兩季施予。而盆植五葉松施肥需要注意的情況是在有機肥或生化肥分解一段時間後，產生的細粉有可能將盆面土壤間隙縫一一塞滿，使得澆水時水分不容易滲透進入盆土內，故建議施肥時使用肥料盒或以小布包將肥料填裝起來，以避免此狀況發生，待其分解完再更換即可，亦相當便利。

附記：五葉松若因施肥過多或水分過多易影響其葉子長度。如施肥過度，當年葉子會冒發過長，而過長的葉子就必須在往後幾年進行極少量肥的貧瘠管理方式，來促使葉子年年逐漸縮短，因此肥分拿捏在五葉松盆栽的型態養成亦是十分重要的。

市售容易購得的肥料。右上角及置中者為有機肥料，左上角為化學肥料。化學肥料用水稀釋後即可施灑於盆土上，左下角為盛裝固態肥料之容器。

建議兩種施肥方式皆採定點施放，此法較能避免因肥量過多而造成肥傷。

田培中的施肥方式。

1 大型木箱培養階段的固態肥料施放。此固態肥料為一般花市可購得之麻油渣塊，此種肥料之肥分會在二～三個月間完全釋放。**2** 成品階段之施肥方式。此包裝之施肥法能避免肥料分解後的粉末停留在盆面，日久凝固影響澆水效益。

1&2 用金屬釘子將裝肥料的布包固定於盆面，如此能完全避免輕質肥料被澆水的水柱沖落而流失。

俗稱肥料盒的容器，能有效地將肥料牢牢的固定在盆面上，肥分隨日常澆水的引注慢慢地釋放。

五葉松素材的選擇

素材的選擇，在五葉松盆栽創作過程中是一門極爲重要的基本課題，盆栽學習過程中，慎選一棵良好易上手的素材，自然事半功倍，但如果入手素材時忽略了選擇要素，創作過程將窒礙難行之外，若還面臨不可修正的缺點，那麼要達到成品木的終點就更是遙遙無期了。這樣的歷程，也時常挫敗了初次入門愛好者的信心。因此，筆者認爲素材的選擇至關重要，特歸納下列幾點供讀者參考。

微曲扶搖而上的樹身，正面無重大切枝後所留下的傷口，且樹身平順毫無腫大變形，乃一良好素材。

樹幹順暢度佳

五葉松屬陽性樹種，更是盆栽植物界中陽剛樹形的代表。在素材選擇時，以樹幹由頭緒轉折至天枝尾端時，能由粗而細順暢有致者最佳，盡量避免過於等弧及翹曲的樹身，此外，也須注意素材培養過程中是否出現過於顯著的加工痕跡，像是鋁線壓痕或刀鋸痕跡，如果樹幹本身在素材購回時需再自行以輔具加以折曲或調直，也應避免。

此為田間培養階段之素材。為讓其樹身循次地茁壯，在高低不等之處，於樹身兩側留用犧牲枝極為必要。

樹幹較無傷口或傷口隱其背者

素材在培養過程中，爲了讓樹幹直徑迅速成長，大部分會有犧牲枝來增加樹身的口徑大小，而犧牲枝在階段性任務結束後則必須切除。大部分有經驗的素材培養者，都會盡量將犧牲枝留在設定之樹身背面，所以選購時，宜仔細探其正面樹身是否渾圓無傷、切口少。

雖有隱藏在後側的犧牲枝切口，但在正面觀賞成品盆栽時不會影響美觀，故仍可作為素材的選擇。

於田間培養期間，因日照過度所造成的重大傷口。此在未來進行創作時，只能盡量將此面隱藏於背面。

於前期培養時不慎將犧牲枝留於正面，頭緒處切除後留下的舍利枝卻不能為該樹增添賞樹的樂趣時，是否作為入手素材則須深思。

頭緒需有壯碩粗大之態

頭緒除了有四平八穩的根系，呈錐狀頭緒發展出去的斜身樹形及懸崖樹形，其拉力根也是極其必要的。根系需再同分枝般，一代、二代慢慢地分根出去。素材的選擇應避免單向偏根或無錐狀頭緒，而浮根、逆向根及絞根更應該遠之。

此樹身有右傾之姿，創作時刻意安排將頭緒的擴張引導至反方向往左側而去，以達盆植後的安定感。

具有根張的頭緒總給人拔地而起後的挺立安定感。

盆面前後左右根系凝聚後轉成之頭緒，沿著左右微曲樹身向上伸展，創造一氣呵成之態勢。

出枝多且無單枝過於粗大者

素材培養過程中，如通風、光線不足，通常從最底下的枝條開始枯萎。所以選購時，須以平均分布的枝條爲優先，若枝條過於粗大或與樹身產生不協調者應避免。

經過矮化後，尋覓自然姿態之素材時，以樹身較無大傷口者為佳。

1 素材選擇平均有出枝者，在創作時適時將不必要的枝條切除，較易於有效掌控樹身的順暢性。**2** 此素材於田培階段矮化後具有順暢的轉折，樹身四面八方的出枝及無重大犧牲枝的切口，為素材中的上乘之選。

葉性筆直無捲曲

五葉松的葉形衆多，有葉子過長的、捲曲的、易焦尾的，在挑選素材時都應避開，而選擇葉性筆直無捲曲、葉短、葉色金黃色爲佳。

1 筆直豐厚的金黃針葉是好素材的考量之一。**2** 節間短且葉性筆直乃屬良好素材的特質。

COLUMN

山採素材的必要性

在臺灣，五葉松的原生地多是灰黑色板岩山坡或高峻陡峭的懸崖，而上述這二種地形大多以面南或日照充足的北向居多。這些不同的地質樣貌造就了各種不同的原始（原創）樹形，甚至有幾處較爲惡劣的地形造就了樹身線條怪異且造枝角度奇特的低矮樹身，而這類型的樹身條件也就成爲每個盆栽創作者所夢寐以求的良好素材。

在早期，位於山野間的原生五葉松十分易於尋覓獲得，當時臺灣中部屯區鄉鎮裡有幾個五葉松原生地會有採集者進入山區，以較簡單粗陋的工具直接挖掘，因此當時有爲數不少的野採素材出現。民國70～85年間，民間與政府大力推廣各類藝文交流活動，而盆栽藝術也是推廣項目之一，所以一些盆栽創作家會以山間野地採集的大型素材或較爲老態的素材作爲創作對象，而這樣的野採素材剛好可以用於塡補當時五葉松實生苗初步開始發展，且尚未有品相較佳的五葉松創作材料出現之階段。

由於當時愛好五葉松人士的創作皆以山巔野嶺所見

處於懸崖陡峭石壁上的老山松長年累月受到河谷氣流吹襲，以及雨勢拍打所自然形成之臨崖樹形永遠是吸引愛松人駐足欣賞的。

之樹形爲模仿對象，因此在各愛好者或展覽場所見的樹形都較傾向充滿野性感且年代感豐富，以自然之姿及風貌呈現於盆栽界中，這股潮流在當時風靡許久。然而在當時野採五葉松素材較無政府單位管制且取得容易，因此在趣味玩家或創作者庭園中瞧見爲數不少去頭掐尾不當截斷的五葉松野生素材，再加上當時採挖者的技術未臻理想以及採集後的栽培管理失衡，以致野生素材的數量日益減少。

推測這類臨崖形樹苗可能是一開始落地發芽於陡坡林木下，後因生長地旁坡地崩塌，造成苗木由站立轉為斜躺，這樣的傾斜姿態在日後繼續生長，那麼天然懸崖樹形的老松是值得期待的（看似鬱鬱而生的松樹苗，樹齡估計在二十年以上）。

雖是早年採集於山野間，但鮮少能將山樹創作成如此迷你的盆栽（樹身寬度約32cm，此樹採集於白毛山麓）。

荒老的樹皮肌理及明顯的偏根頭緒是山樹特徵，在衆多山樹創作中，能有滿身皆枝且不虞匱乏的卻是少之又少。

極為貼合山巔野嶺的山松身影，此樹一開始是大量出枝，經創作者逐一去除不要枝後留下數量比例適宜的枝棚，現有的枝棚葉量及枝棚左右伸展寬度已達最佳比例（此樹採集於臺灣中部谷關東卯山一帶）。

早期採集的山樹因樹齡趨近於老齡，以至於在日後創作及維護上比較容易因為水分補給不足或介質不適造成營養貧乏而樹勢轉弱的窘境。

盆栽相關工具

從事盆栽創作，許多時候都需要工具輔助。順手的工具不僅能讓盆栽管理及創作事半功倍，適當的刀剪銳耙更能在我們與盆栽長時間相處，彼此認眞相待的互動時產生心神合一的氛圍。以下即以盆栽管理季節爲順序來爲各位一一介紹。

冬、春換盆工具

①鬃毛刷

於介質填補完成未澆水前，可將盆緣及盆面細土刷除乾淨。

②夾子

種植盆面青苔的工具，另一端有平面刀刃狀者為壓實盆面泥土之用途。

③尖竹筷

將較硬質的竹筷一端削尖，作為推壓介質（使其密實）及種植盆面青苔之工具。

④鈍剪刀

可用較不銳利的剪刀作為剪斷細根的工具。

⑤根剪

切口刃處為平口，不同於圓口切。

⑥根土耙

有大、小尺寸，單爪、雙爪及三爪之分。

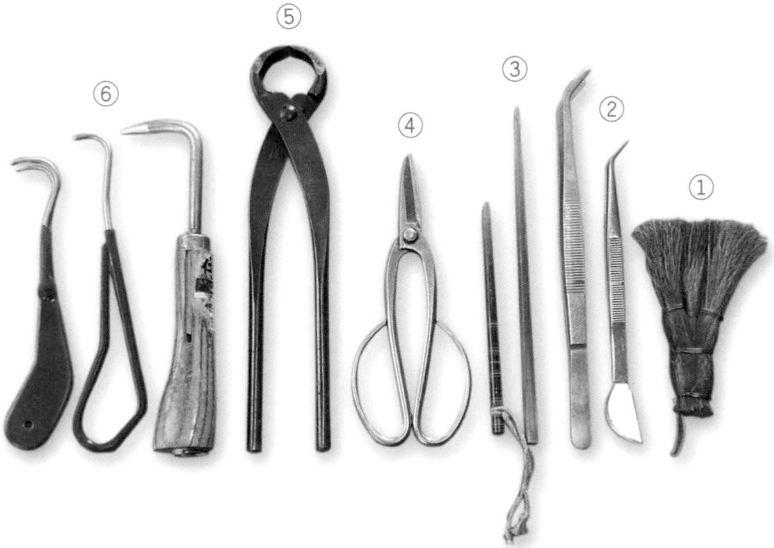

春天摘芽工具

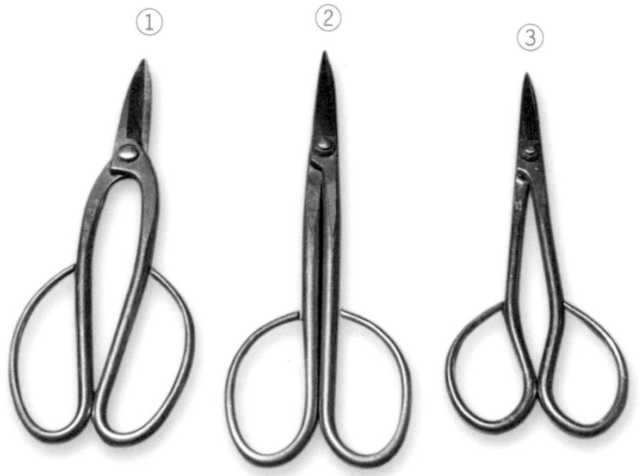

①寬柄剪刀

適用於盆栽較外圍葉群之剪定。因設計符合人體工學，所以長時間使用也不會造成手指頭痠痛。

②長細柄葉芽剪

適用於枝棚葉群內部細枝及外圍新芽之剪定。

③短柄剪刀

尺寸較小，適合女性朋友，用途同長柄剪刀。

纏線整姿工具

①自製矯姿器

有大小之分。適用於一般金屬線鋏及神矢鋏所不能及之整姿與調曲。

②正向金屬線鋏

有大中小之分。圖片為大型線鋏，適用於大枝條纏繞及大口徑金屬線之調整。

③舍利神矢鋏

用於樹幹舍利神枝的拉皮扯枝。因其鋏口有斜向角度，用於纏繞銅鋁線時做夾緊、扭轉以及調整枝勢姿態時會更為順手。

④金屬線剪

不同大小的刀剪可截剪各種尺寸的銅鋁線，第三支為新型斜角度金屬線剪，筆者認為拆剪除金屬線時最好用。

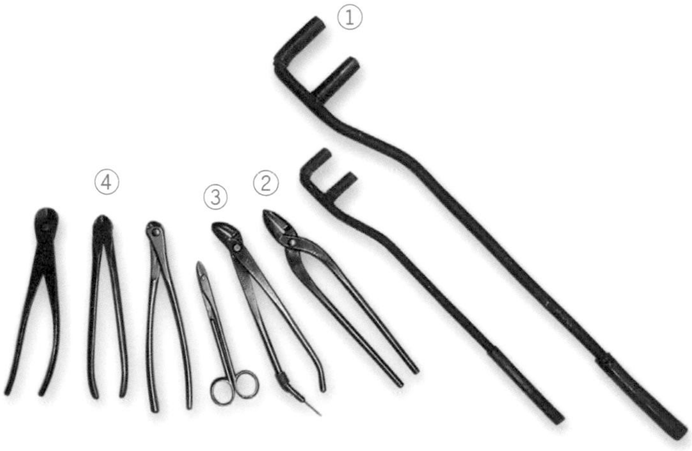

剪定工具

①鋸子

用於較大口徑之枝條切除，使用時盡量以鋸刃尾端（較尖處）進行。而鋸刃因使用後較易殘留樹汁及樹脂，宜經常保養。

②大枝切

使用於枝條的切除。有分柄刃單支鍛打而成及柄刃分開製作後再行接合，若有長時間使用或大量剪定，則建議選擇柄刃合一為佳。

③曲柄剪刀

適用於細枝條的剪除，如有大枝條則建議使用大枝切。

④⑤圓口切

剪除不要枝後，可再以圓口切深切至木質處，以利於樹皮癒合後的平整。尺寸有大小之分，較小切口可使用小尺寸，反之則用大型圓口切。

⑥斜向圓口切

又稱為又枝圓口切。當枝條過於密集，或有不易深入修剪之角度時適用，切除後可再將樹皮切凹，以利日後樹皮之癒合。

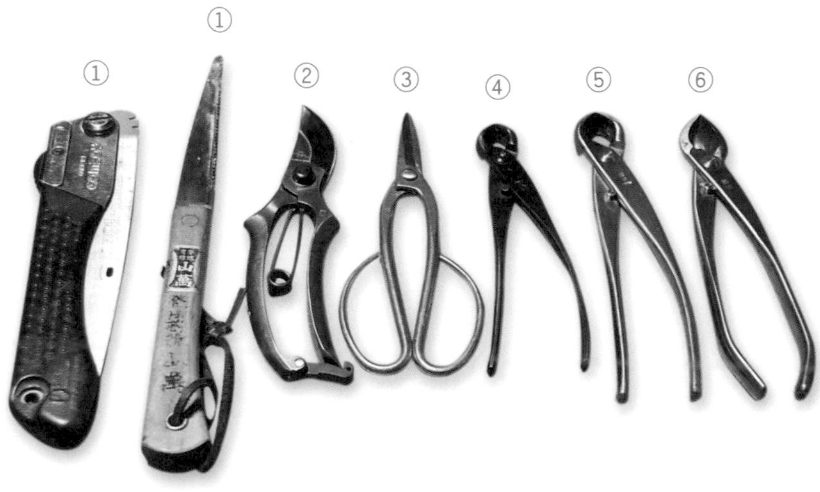

日常澆水

銅製澆水器

較小容量者適用於較小範圍，或夏、秋季午後缺水補充盆面水分時使用。

銅製如露

容量較大。由於出水孔製作得極為細緻，因此在澆花器傾斜，水從出口處揮灑開來，如同一串串晶瑩露水四散而得此名。

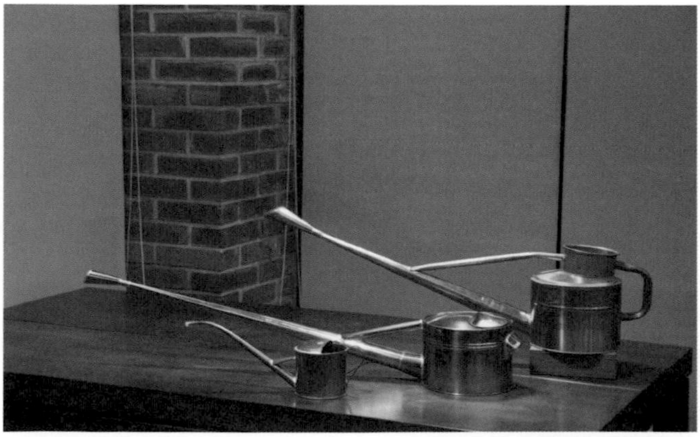

盆栽常用語

管理方面

整姿
以人工方式進行樹形姿態調整以期達到理想型態。

節氣
每十五天爲一節氣，象徵四季流轉。

改植
更換盆器內介質，改善植栽環境，使其重新獲取所需養分。

矯幹
矯正樹幹姿態，求其美觀。

調枝
調整枝條角度，求其美觀。

接枝
對需要枝條處接上枝條。

剪定
修剪枝條以調節整體枝條態勢。

摘芽
爲了抑制旺盛枝，以促進內腹枝生長並使梢端茂密，以銳利刀剪剪除芽尖。

剔葉
剪除部分或全部的樹葉。

疏葉
去除老葉或生長過旺的葉子。

矯根
矯正調整根盤外觀。

給水
供給植栽水分。

葉水
不將水分澆灌於土壤，而是針對葉片及枝幹給水。

施肥
給予肥分提供營養。

呼接
意指因樹身近處較無枝條者，以同株或不同株的較長枝條嫁接於樹身的無（缺）枝條處，但仍建議以同株枝條嫁接較能保持葉性的雷同。

樹形

直幹樹形
幹身由地面伸直拔地而上，不彎曲的形體。

標準直幹
主幹直聳參天而立，枝幹交互出枝且樹冠端正、樹態平衡、頭緒及根系亦穩健有力。

立枝直幹
整體外型有如掃帚倒置。主幹到第一枝即分枝眾多，且各分枝均生長旺盛，欣欣向榮。

傘形直幹
各枝往幹身連成一勢，如同雨傘般的型態。

斜幹樹形
單幹樹身向左或向右單邊傾斜稱之。

變化斜幹
斜向對立部位有粗大的拖枝，樹幹上半段轉曲向上之樹形。

曲幹樹形
常稱之爲模樣木。頭緒重心平衡整體樹姿，且幹身線條活潑。

自然曲幹

依據樹幹原有的曲線來創作，屬盆栽中最普遍的造型。

蟠幹樹形
枝身有多處粗大轉折扭曲，氣勢磅礡。

垂枝樹形
以垂枝性樹種造型出軟枝飄逸下垂的柔美姿態。

露根樹形
樹幹頭緒下方無泥土介質，粗根離地高露出土的樹形。

懸崖樹形
樹相如同沿懸崖而生長的樹形。

大懸崖樹形
整體樹姿往下方奔瀉，氣勢如虹。

半懸崖樹形
樹幹垂懸未超過土面的樹形。

文人樹形
枝幹細挺，清風雅致，傲骨淡然，如同文人雅士般的俊逸樹姿。

標準雙幹
雙幹身有如夫婦兄弟般依偎生長，如標準直幹從土面直聳而上，但只有一樹冠的樹形。

三幹樹形
一棵樹分歧成主、副、添三幹者。

風吹樹形
彷彿經年遭受單一方向的強風吹襲，造就出單向彎曲樹形。

附石樹形
以石頭和樹身配合成景。

樹頭

頭部
樹幹與樹根的匯合處稱之爲樹頭。

頭緒
樹頭處根型生長的態勢結構。

頭緒模樣
指頭緒結構有型。

喇叭頭
頭部基部寬大穩健，向上收細形如喇叭。

縛腳頭
頭緒比幹身細瘦，有如纏足一般。

樹幹

主幹
頭緒以上到樹芯的主身幹。

副幹
雙幹以上的樹形中，其粗壯高度僅次於主幹者。

添幹
三幹以上的樹形中，其粗壯高度僅次於副幹者。

矯幹
調整幹形之意。

幹模樣
幹身的各種姿態，如挺拔、傾斜、轉曲、懸瀉、飄逸等。

捻扭幹
幹身呈現扭轉捲捻狀態。

忌形幹
有礙美觀，不被喜愛的枝幹。

鴿胸幹
向前凸出狀如鳥胸的忌形幹。

樹根

根勢
樹根的模樣與力道呈現。

根模樣
土面外有形體的根路模樣。

根盤
露出土面的根路錯綜連結，形成盤狀的根勢稱之。

四方根
根模樣四面八方展露。

菌根
白色微生物，形如網絲，出現於松類根末。

挺立根
與幹身傾向同方向的根路，彷彿挺住斜幹，平衡重心的根勢。

拉力根
與幹身傾斜反方向，有抓住大地，平衡重心的根勁。

忌根
有礙美觀，不被喜愛的根勢。

門閂根
左右並行出根，有如門閂一般的忌根。

逆根
由外端反逆向頭緒內伸的忌根。

樹枝

枝勢
出枝的樣貌和氣勢。

出枝
由幹身長出的親枝。

枝順
出枝的順序與整體樹形構成的味道。

要枝
構成樹形姿態的重要出枝。

拖枝
與樹幹身傾向相反方向，拖長生長的要枝。

探枝
同幹身傾斜的方向，粗大且探垂的要枝。

瀉枝
格外粗大懸垂的要枝。

第一要枝
主幹最下方且最粗大、長勢強勁的第一親枝，其次稱第二、第三要枝。

長伸枝
橫向伸展擴張的粗長枝勢稱之。

飄枝
如被風吹拂般的伸長枝勢。

垂枝
枝勢垂下之枝條。

神枝
未損朽但已白化的枯枝，留在樹上呈現歲月洗鍊悲壯之勢。

親枝
由幹身直接出枝的樹枝。

子枝
由親枝出枝者。

代枝
樹身側分枝每一分枝稱爲一代，以此類推。

剪枝
爲塑造樹形進行修剪枝條的動作，亦稱剪定。

失枝
因管理不當或病蟲害導致枯枝稱之。

接枝
對缺枝處接上枝椏。

插枝
植物無性繁殖方法之一。取枝條或根插入介質中，使其生根抽枝成爲一新植株，亦稱扦插。

壓枝
將植物的枝條割出傷口，壓入土中（或用泥土包住），使其發育出新株之方式。

忌枝
有損美觀或有礙生長之枝。

樹葉

葉性
樹葉的形狀及性質。

葉勢
葉子的長短、粗細、生長態勢。

胎葉
初生葉，與成熟葉形外觀不同。

葉序
生態序，樹葉對生、互生、輪生等的附生狀態。

Part 2
技巧養成篇

胎葉枝的剪除

仔細觀察五葉松，常會發現葉群中出現長相不一的葉子或枝芽，它們大部分即是所謂的胎葉芽。在五葉松上會發展出胎葉芽的機會大致有兩種，其一爲播種實生時的輪狀子葉長完後繼續生成的胎葉芽；其二爲培養中的五葉松於強勢樹性，經過強剪後因而萌長了胎葉芽，或因當年施肥及澆水過多也會萌生胎葉芽，持續發展變成胎葉枝。二者的胎葉芽都會先有一段約2～5cm的尖狀葉，繼而從後段的胎葉腋內長出針狀成葉，有這針狀葉將來才有可能從葉芯發展

胎葉芽

於春、夏之間，因過度修剪或前期肥分、水量過多而造成。

另一芽點再出枝，而前半段的尖狀胎葉腋內大致上不可能有任何芽點可作爲出枝之可能，這胎葉枝將來一定會有2～5cm以上之節間，如此的節間長度會造成我們想以緊密節間來創作枝棚的困難度提高，也等於是與摘芽欲縮短枝棚節間相互違背，所以由胎葉芽所發展出的胎葉枝是極不利於造枝的。

因此，筆者在五葉松的造枝過程中，只要遇有胎葉枝都儘量剪除，而剪除的時間點大致上是落在胎葉枝發展成熟後（約十一、十二月分）再予以剪除，此舉可避免日後不易造枝的窘境，也可保留該五葉松的樹勢，避免因過度剪枝而產生樹勢轉弱的危險。

胎葉枝過長的節間。

胎葉芽成熟之後的枝條外觀明顯可見，胎葉枝有過長的節間。

正常節間的枝條。

正常節間的枝條，除了有極短的節間外，易於填枝造棚也是它的優點。

種子實生

觀察五葉松種子的實生過程樂趣橫生。自樹上採集松果後，再從它的根芽萌發開始，到輪狀子葉展開，停頓了兩、三個星期後，小芽再從如同雨傘骨架的輪狀子葉中冒出，最後五針一束的葉子一束束的從新芽間長出，整個播種成長過程無不驚奇。

種子實生的第一個步驟是播種前，盡量取得當季所採集的新鮮五葉松毬果種子，取得後可先靜置於陰涼乾燥處（也有一說，即是採集松樹種子後可置於一般冰箱冷藏庫，使其休眠後再取出），而五葉松實生播種最適合的季節就在每年的冬至到春節之間。

在這段期間，將種子從靜置處取出後，再浸泡於裝有常溫清水的容器內二十四

種子實生示意圖

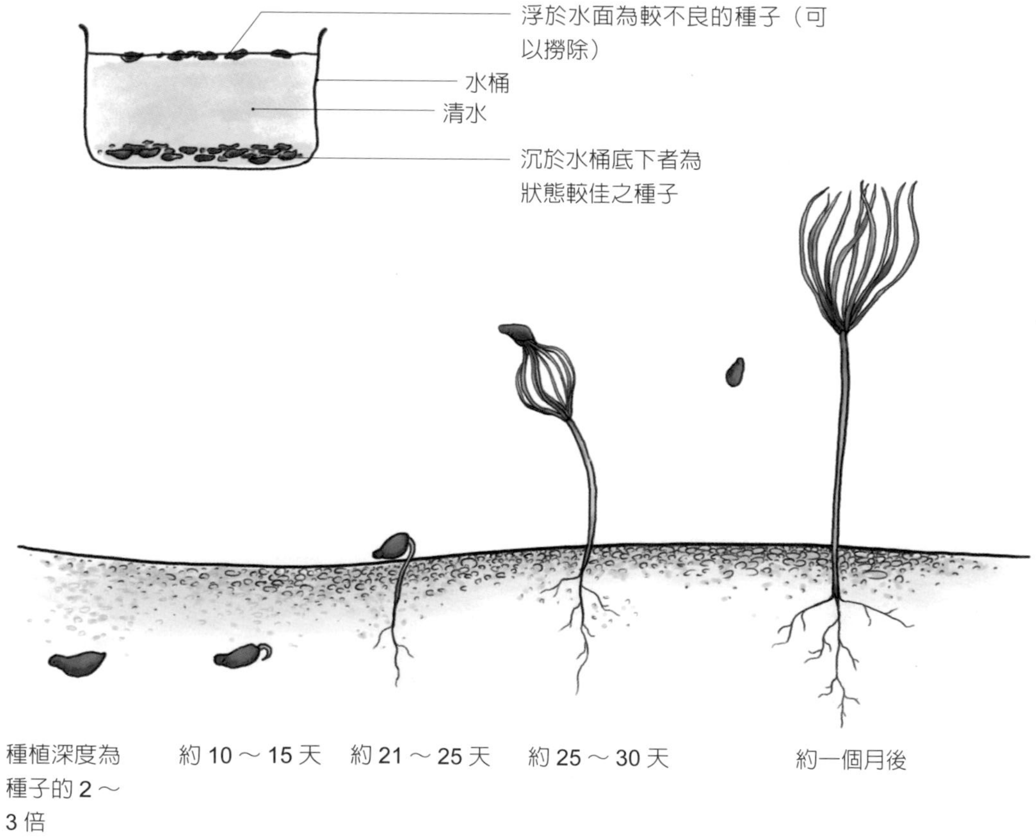

小時，若有漂浮於水面的種子可直接撈除（可能是不良品），接著取出種子播植於透氣性佳的素燒盆中，盆中置入排水性佳且保溼效果良好的介質，如赤玉土、陽明山土或細粒溪砂混培養土，再用夾子夾住種子直接壓入土中約 1 cm 深度（種子以平躺方式）。最佳深度爲五葉松種子肚圍的二至三倍高（約 1 cm 深）。每天保持介質的溼潤待其萌芽即可。

也可以先把盆土介質塡入盆中約七到八分滿後，輕輕放上種子，再將介質倒至約種子厚度的二到三倍深（五葉松種子直徑約爲 0.5～0.6 cm，所以塡在種子上層的高度約 1 cm～1.5 cm 深）。再以出水柔細的灑水器澆上清水，直至清水由盆底流出即可。其後的管理只要注意每天給予水分，此法播種後約十～十四天，會觀察到有一

1 陰乾後的五葉松種子，長度約 1.2 ～ 1.5 cm 之間。

2 直接以陰乾種子播種實生。（使用細粗赤玉土為介質）

3 再覆蓋一層介質後澆水，即算完成。

細根從種子殼裂口冒出，細根伸出不久後會將種子慢慢抬高到土層表面，此時需注意水分的給予，或昆蟲、小動物的干擾及啃食。

上述是五葉松種子用較順應自然方式的播種法，而筆者也自行發展一種孵芽法提供給有興趣嘗試者參考。同前者保存方式，取出後置於水盆中浸泡二十四小時，先不分浮於水面上層或沉於下層皆全數撈起，接著將兩塊棉質白色毛巾沾溼擰乾，一塊平鋪於無排水孔的淺水盤內，將浸泡過的種子輕輕置於平鋪的毛巾上，然後用另一條毛巾輕輕蓋上，之後再將整個水盤置於一處可直接日照，較爲恆溫且通風極佳的窗臺邊，約一天過後開始爲覆蓋用的毛巾澆水一次，並注意毛巾溼度（約一天澆二次水），這樣澆水照顧約十天左右，掀開上層毛

使用孵芽法

1 盛水器皿經毛巾覆蓋，約 14 天發芽情形。

2 播種 35 天後發芽的樣貌。

3 發芽狀況良好的新生苗。（發芽約 40 天）

4 輪狀子葉成熟後胎芽隨即開始生長。

巾檢查種子殼中間是否已出現裂縫，若種子已核裂，開根芽開始長出時，可用夾子輕輕夾起進行播種。

同前者準備素燒盆及介質培養土，介質塡至盆內七到八分滿，將種子輕輕橫放後再將介質倒至約種子肚圍一到兩倍高即可。整個水盤上的孵芽約一天檢查一次，以此類推直到全部的種子陸續發芽完成。

前後兩種方式筆者都已嘗試多次（每次皆約三百公克，四百顆種子左右），前者較無法掌握整個種子萌芽狀況，而後者是開始萌芽後才開始播種，良率多寡較能掌握。唯後者的萌芽期未能統一（前後時間差約兩星期），因此較爲費時費力，但後者的播種方式筆者深感饒富樂趣。

換盆改植概述及示範

在冬末春初之際是五葉松換盆改植工作最爲忙碌的季節，舉凡松苗由穴苗換植到大幾號的培養盆、半成品樹的換盆改植或更換介質泥土、接近成品的成品木由大換到較小的盆器中、長年久植於成品盆中，樹勢略往下走時，再度轉植回到培養盆中的改植，或是田間培養枝條後挖起的盆植等都涵蓋其中，而不同的換盆對象有不同的換盆時機，且對應盆土介質根系，也都有不同的換盆方式。

爲臺灣五葉松換盆改植，有人以時節爲基準，也

這棵老松在此淺圓盆中為何需要進行換盆改植呢？探其外觀，
因該松已在此成品盆中約有 6 ～ 7 年了。

長年控制肥量、限制水分的管理下，盆土酸化後產生的苔蘚使盆面植被宛如天然青青草原。其多樣性的黃葉苔蘚、漆姑草、鐮頭草、小葉冷水麻草，也因同於山松的管理更顯迷你。圖中可見山松所植盆器是無倒凹緣之盆型，所以每年新生根系已將盆土及盆樹略微抬升，若再不換植，其樹身終究會因根系抬升不平均而傾斜。

有人以松芽的冒發長短程度作爲換盆改植之基準。走訪各處五葉松盆栽培養業者，多以季節時令爲依據居多，時間則是由每年的元月初開始換盆到三月中旬後爲多。爲何進行換盆時間會拉這麼長呢？原因是大部分的五葉松盆栽生產業者都有數以百計的盆樹需要換盆及改植，所以他們需要較長的時間來作爲換盆適期。然而，若一般人以業者作法施行，則會有因換盆改植時機不對而產生較高的松樹折損率。以筆者每年爲園區裡培養的素材換盆爲例，從一月底前開始換盆到三月中旬，在總數百來盆中，約有四棵死於萌芽的等待期裡（其中包含樹勢或根系較弱者），因此，除非需換盆的數量多，筆者才會不得已拉長換盆時間及時機。

如果需換盆的數量不

1 借助木條標竿與背景窗戶垂直線平行，為爾後盆栽固定時更方便矯正操作。

2 因長年的新根系只將山松的右側提升，致使整棵樹已往左傾，在尚未將木條標竿固定前，先將三角錐墊入盆器下方，把樹身垂直角度拉回 3 ～ 5 度左右。

多，又盆松都是處於成品階段的老松，筆者建議換盆適期以該松春芽開始發展時最爲恰當。在諸多換盆種類中筆者就先以長久植於成品化妝盆中的老松爲示範，而其他素材階段類型的換盆方式基本上也同於此篇圖說示範。

本範例爲盆植約四十五年之山松，因久植於較小的觀賞盆中，其葉性已短直至與樹高有適當之比例。但因以限制水量、控制肥量的精準管理，其樹勢已逐漸轉爲弱勢，在不貪心的愛樹態度下，筆者計畫以大一號之盆器做涵養肥培。

3 由於此盆器無倒凹緣，因此作業時可使用彎刀及鐵錐直接將盆土橇出。（盆土與盆器分離後，盆內細白的松根菌清晰可見）

4 盆土拔出後，開始將外圍的舊根系切除。原有淺圓盆倒置平放後，再把植栽盆土置於淺圓盆上方，以利切根作業。

5 外圍舊根切除後，保留之土團已所剩不多。筆者建議臺灣五葉松換盆改植時盡量保留些許土團為佳，既可保留樹勢及細根，又可在換植作業時有效固定植栽。

6 事先配置好防蟲網、鋁質固定線，再將砂土介質倒入盆內成尖塔狀。

7 適度將固定用鋁線轉緊後，再將砂土介質倒入周圍的隙縫。

8 在固定捆紮完成，砂土介質未填滿前，不妨以一杯茶的時間，再次檢視樹身垂直角度及正面角度是否達到預期狀態。

配盆淺談

一直以來，盆器與植栽的搭配就像是馬拉松賽事的最後一哩路般，然而，這樣重要的臨門一腳，卻常因創作者太過專注於植栽主角的展現而被忽略。雖盆器在兩者間屬於輔角的地位，但這配角一樣應具備角逐金鐘的堅強實力，稱職的襯托出盆樹欲彰顯的態勢，將整個創作推向完美結局。

一棵盆栽從素材的創作到近成品階段，換置盆器約有三～五次之多，愈接近成品觀賞階段，其盆器與植栽的搭配度更形重要。筆者會依照不同的樹種特性、樹形、樹身肌理以及果實花朵顏色來考量最適合的盆器搭配之，像是荒皮肌理的樹種，可使用粗糙面的鐵砂泥砂盆或是更具粗曠韻味的柴燒盆；落葉後末端枝條有著白皙寒枝相的黃槿、毛榕、欅木等，搭配淺色釉面盆更加添清麗風貌；若有開花與果實代表四季者，適合能有與花色果實顏色作爲搭配或對應的彩色釉盆等，只要時時觀察樹身肌理、葉子形狀、花色、果實形狀及顏色，用心選擇適當的盆器造型及顏色作搭配，相信成品展現會更爲出色。

對於五葉松的配盆方向，大致有以下幾項重點：

一、接近成品階段

此時樹身該呈現荒皮貌，龜裂似的荒皮就以接近灰褐色的鐵砂盆、紫泥、烏泥或是表面深褐色粗糙多變的柴燒南蠻盆爲首選。

二、五葉松各式樹形（姿型）與盆型搭配

㈠高瘦的文人樹形：可搭配淺身的圓盆或以圓形爲輪廓的古鏡型輪花淺盆。

㈡威武凜然的直幹樹形：適

如遇樹身方向較為特殊或樹身頭部立地較不能以平面盆器種植時，以變形鞍馬盆或彎月盆來種植也是不錯的選擇。

懸崖樹形

最適合無邊直立的正方盆、高身圓盆或高身輪花盆。

合長方盆或者橢圓盆。

㈢樹身具有曲線美的模樣木：搭配盆緣外翻的長方盆更能襯托出立地環境的沃土豐饒。

㈣絕壁重生的懸崖樹形：最適合無邊直立的正方盆、高身圓盆或高身輪花盆。

㈤具有個性之美的風吹樹形（半懸崖樹形）：適合略為高身的圓盆或半高身輪花盆。

㈥最具體現立地環境特徵的斜幹樹形：不只是盆緣外擴的橢圓盆適合，搭配長方形的盆器更是能讓整體氣勢更加磅礴。

完成盆器的選擇後，接著更重要的關鍵在於種植時，須注意植栽頭緒與盆器的相對位置，例如模樣木、斜幹樹以及風吹樹形等的頭緒偏左或右；懸崖樹形反方向的偏左偏右，若是將懸崖樹形樹身以同樣方向推向盆邊，更會營造出不一樣的視覺，例如將往右傾斜的懸崖樹身頭緒往更右邊的盆邊種植。總之，頭緒位置需審慎構思，思考一下所選擇的盆器會構成何種視覺效果，再開始進行換盆作業。

具有自然味的文人樹形，以淺身長方盆來搭配，更能凸顯這樹形的立地環境。

具有個性之美的風吹樹形
（半懸崖樹形）
適合略為高身的方盆或半高身輪花盆。

搭配橢圓盆的斜幹樹形，意在能將樹身拉回，平衡視覺。

COLUMN

金屬線纏線要領

盆栽是需要時間累積，加上美學概念與創作技術共冶一爐的一門藝術，主要是將大自然中的各種自然樹形濃縮於指掌或擬態於盆缽之間。自然界各類樹形以幾米甚至數十米的樹高矗立於山野間，看似自然也饒富趣味的各種姿態，是歷經十年、百年甚至是千年的四季寒暑更替所累積堆砌而來。這些挺拔或委婉彎曲的樹身，各異其趣的垂直枝條與枝椏，平展於尾端的枝棚等渾然天成的美麗樹形，一直是盆栽人競相模仿的對象。每個盆栽人都有屬於自己的一套日常修剪、吊物引導，或以金屬線纏繞矯正姿形的方法，而以金屬鋁線纏繞矯形來達到整姿目的是最快速、易於達成，也是最多創作人所使用的方式。

接下來將詳細說明如何以鋁線纏繞出最有效、最不傷及樹皮層且美觀的繞線配線方式，以利於讀者面對金屬線纏繞的窘境時該如何破解各類的難題。

將盆栽置於展示臺上觀察，可見大部分枝棚因無鋁金屬線固定而開始產生翹曲。

◆事前準備

一、構圖或詳盡的計畫

當素材準備開始整姿纏線前需先有整姿計畫，例如植物因向陽性已略微幅上揚，需將久未調整過的枝棚做一整體性的纏線整姿；枝棚間的枝條過於雜亂，想要以金屬線將所有枝條調整到適當位置。

二、纏線工具及相關物品準備

金屬線、工具、鐵棒、工作檯、橡膠墊及保護膠帶。

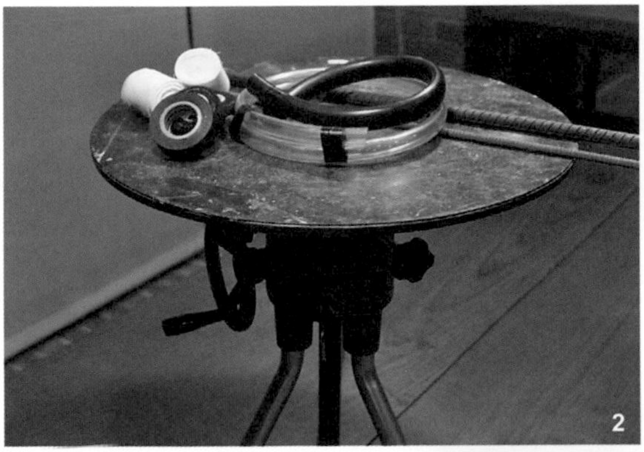

1 整姿纏線工具可細分至十幾種，建議盡量以個人使用順手為佳。**2** 檯面高度可調整並360度旋轉的盆栽專用工作檯讓創作過程中更加得心應手。**3** 膠帶、紗布、自黏紗布及塑膠套管是矯姿時不可或缺的保護套件，如遇枝條需要大幅度調整時亦可使用長度適當的鐵棒作為輔助。

三、纏線祕訣

為了在過程中較好操作金屬線的纏繞整姿，或在操作期間讓手指頭於枝棚間較不會碰觸枝條而產生斷裂，建議一棵樹的纏線及枝棚整姿要由最底下的枝條往上方枝條延伸纏繞鋁線，而每個枝棚亦由靠近樹幹枝尾纏繞捆紮而出。若遇有門閂枝（左右平行枝）的可以前後跳枝捆紮，完成後在捆紮第二線時藉著第一線的著力點繼續捆紮。

1 捆紮金屬線可由整株盆栽的最下枝開始進行作業。

2 如遇枝棚過於密集無作業空間時，可使用細鋁線將上方枝棚往上捆紮。

3 若遇枝條的門閂枝，建議金屬線以跳枝方式進行作業，以免完成纏線調整姿態時發生調右枝翹左枝之窘境。

◆枝棚間的金屬線之美

一、鋁線的口徑選擇

基本上建議纏線捆紮前先選定大約四～五種口徑的鋁線（1.5、2.0、2.5、3.0、4.0線徑），於枝頭起紮時以口徑最粗的鋁線開始向外捆紮纏繞。由於枝條代枝會因爲養分及年代時間而有粗細之分，越接近樹幹的前代枝會較爲粗大，越尾端的枝條也就越纖細；這層次分明的自然現象在在提醒我們纏線者得將鋁線的捆紮隨著枝條層次的變化而調配紮線的粗細口徑，當鋁線纏繞的粗細節奏能隨著被捆紮的代枝分布時，這畫面是極度協調而具有美感的，隨著所有枝棚都是按此方法而櫛比鱗次的排列，這樹身雖有著人工雕琢的痕跡但整體畫面卻是呈自然狀態。

1 遇有前後排列的門閂枝時須先進行捆紮計畫。

2 先以4.0mm較粗口徑之金屬線捆紮前後跳枝，須避免上下金屬線交疊情形。3 逐一完成捆紮與調姿動作後，再接著處理下一根枝條。4 遇有門閂枝時建議須有另一條同等粗細的金屬線纏繞於另一根枝條。

二、鋁線捆紮方向

鋁線纏繞樹身枝條時總會有該向左或向右的疑問，其實起線時，若有一端呈順時針方向時，則線的另一端即爲逆時針方向，纏線捆紮到一定熟稔度後會形成一定的邏輯，那就是在起線纏繞時若以順時針方向環繞，那麼鋁線在往枝末尾端伸展時也會很有規律的呈順時針方向纏繞，雖然枝棚過於密集時，會有順時針或逆時針方向一起使用的情況，然而只要枝條的某一位置點不要有重覆過多的金屬線，或有交叉疊線情況即可。

三、按照枝條粗細搭配金屬線

無論是五葉松或任何盆栽物種，其枝棚枝椏一直有代代分明的櫛比鱗次，從

1 以粗徑金屬線捆紮至一定點時，須改以較小直徑的金屬線延伸纏繞。

2 金屬與枝條的捆紮盡量以同一處不超過三條金屬線為首要原則。

3 全株最下方枝條纏線作業完成之樣貌。

4 建議金屬線尾端可稍微繞圈，此舉可做線的延伸，並避免因線頭外露而不小心刮傷作業者的手部。

樹幹分枝而出的第一次枝條歷經幾年後的層層分枝，一分爲二，二分爲三或四，再漸漸分枝而出，這由粗而細的分枝，雖無用鋁線將各枝條按部就班固定，但光欣賞那些櫛比鱗次的枝形就已經讓人流連忘返，若再將各個無定位的各處枝條使用粗細有緻的金屬線調整至適當角度，那這錯落有致的畫面是極其豐富的。金屬線的粗細分配可盡量以枝條粗細具有年代感的作爲依據，較粗的前頭枝建議使用粗直徑鋁線往細枝纏繞，再往細線分去，前次的金屬線往細枝分去時必須再多出一圈到一圈半，好讓第二次的線有借力使力的支點，支點的延伸也就可以沿著枝棚前頭再細分至最尾端的枝末。

1 先將第一條金屬線折出與枝頭粗細相仿的 U 字形。

2 事先做好彎曲作業，進行金屬線纏繞時會更順手。

3 起線作業時線頭的牢固是很重要的。

四、起點的固定

金屬線纏繞捆紮最重要的步驟就是起線。起線的捆紮一開始可將線先從中間折成一個U字形再套入分枝點處，接著運用一手緊壓固定鋁線，一手拉線纏繞住枝條，當線條與枝條的延伸纏繞一圈一圈往外時，一手壓住一手拉線的往枝尾延伸。

五、繞線捆紮要領

基本上，枝棚間金屬線的捆紮盡量是纏一線調整一次，接著再續上第二線。第二線須儘量與第一線靠攏，若線的長度不夠時可再繼續延線，但必須藉前頭一至兩圈爲支點。所有纏線過程切勿讓線與枝條間留有過鬆的空隙，若有此狀況時須暫停，先使用工具鋏排除後再繼續往尾端纏繞捆紮。

第二線與第一線的併線作業須併攏並掌控好金屬線與枝條間的緊密度。

NOTE 1 忌先將金屬線捏成小球團狀

金屬線的捆紮勿將鋁線先行取下一大段長度後，徒手將線繞成一小球狀置於手中，因此方式會在捆成球狀狀動作時無意間改變鋁金屬線內的密度，導致事後纏線捆紮時因密度不一致而呈現不同的弧線，造成金屬鋁線與枝條有著鬆緊不一的現象。

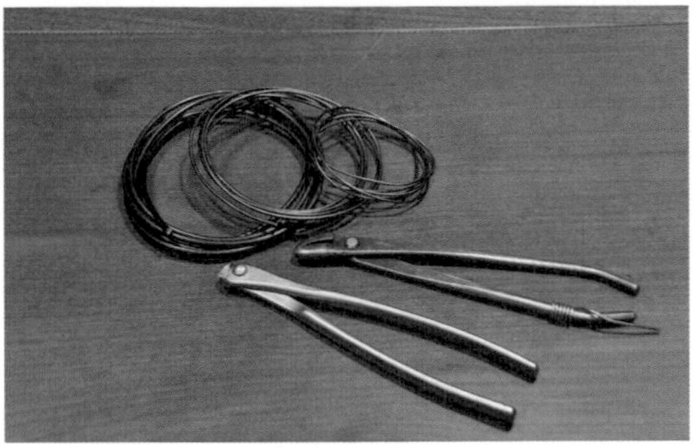

NOTE 2 取線長度

剪取鋁線前可先目測欲纏繞枝條的總和長度，再以該總和長度乘以1.6～1.8倍即可。

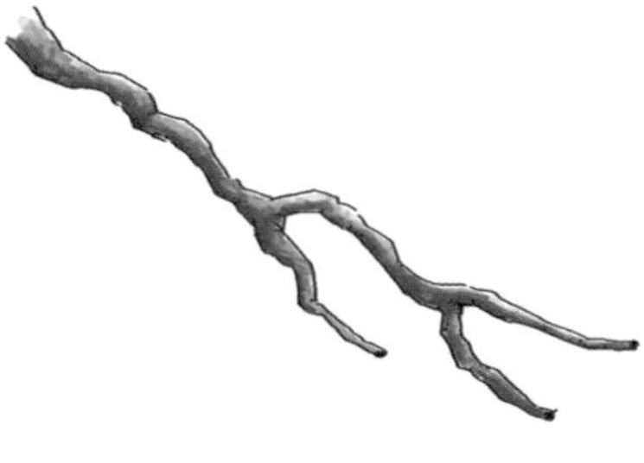

NOTE 3 纏繞捆紮時第二及第三鋁線的加入

在纏線時經常會遇到第一線纏繞完成後，加入第二線到分枝完時卻與第一線的疊線發生交叉情況，而這情況一旦發生時若需要再加入第三條線捆紮時容易讓所有金屬線在分枝處糾纏於同一點上。為避免這一窘境，可在第一線纏繞至枝條分叉點時先將鋁線於分叉點停下，等到第二條鋁線纏繞到分叉點時，判斷第一、二線需要各自行走的枝條，當兩條線以同樣順時針或逆時針方向纏繞後的鋁線會更容易加入其他鋁線的纏繞捆紮。

1 第一線繞至分枝點時可先停下，待第二線繞至同一處時，再細分一、二線各自行走的方向。**2** 若以同樣的順時針方向進行作業，於第三線再併入，亦可同樣的隨心所欲。

NOTE 4 金屬線纏繞時與枝條呈多少角度為佳

金屬線與枝條纏繞的角度攸關著金屬線強度能否影響枝條左右，金屬線累進的角度過小，只會讓金屬線失去強度並造成金屬線在枝條樹皮上產生勒痕，若累進角度過大，雖能保有金屬線左右枝條位置的強度，但卻容易因為枝條位置在來回調整時而產生枝條與金屬線的空隙分離，其最適當的推進角度是金屬線以60度左右與枝條累進，此角度是既能用最有效的強度來調整枝形又不會過度浪費金屬線，且這一角度的推進在視覺上較容易與各枝條的分枝角度產生共鳴。

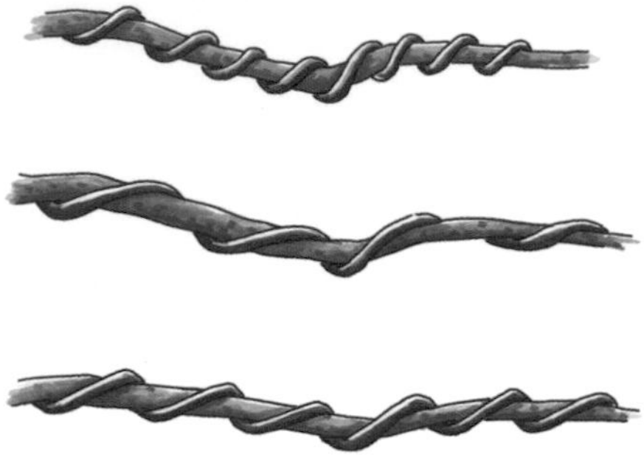

NOTE 5 門閂枝忌諱金屬線對纏

為避免費神地去分配金屬線到底是哪一枝該與哪一枝來做為借力的纏線，而直接將左右枝以一金屬線作為延伸對纏，此法容易造成金屬線因無支點可借力，而使調整左枝時右枝晃動，調整右枝時左枝跟著移動，為避免此一窘境，建議金屬線的纏繞捆紮盡量能有計畫性的分配線路，以避免纏了足夠的金屬線，但調整枝條角度的效果卻未能達到預期。

1、2 枝棚間門閂枝整姿纏線作業時，可先以一線纏繞於前方一枝或後方一枝，完成後再以第二線加入左右對向纏線捆紮。（雖左右對向纏線，但仍需注意行進角度）

NOTE 6 拆線技巧

纏線捆紮時若發現金屬線纏繞方向錯誤，因而想要拆卸一段或一兩圈時，可用左手指頭往回一圈處固定壓緊，而另一手將線尾按照原來推進的角度往回旋開，此法能有效避免拆線時因未固定線前端，金屬線於旋轉時產生晃動而擦破了枝條樹皮。

小常識 金屬線的借力展線

除了第一條起線是運用樹身作為支點外，整個纏線整枝過程中無不是藉由前次最後一至兩圈的末端支點來延伸下一條線。當遇到樹身最頂端的天枝（頂枝）是以一出枝點分散出多枝的狀況，這借力展線技法可淋漓盡致地發揮，亦即在一處輪狀枝上以第一線纏繞至某一枝後，調整至所需位置，再以第二線的左端與第一線枝纏在一起做為支點，使第二線左端穩固後以第二線右端向右側一枝纏繞，於調好角度後再以第三線同第二線作法操作一次，以此類推至整個輪狀枝纏繞完畢。

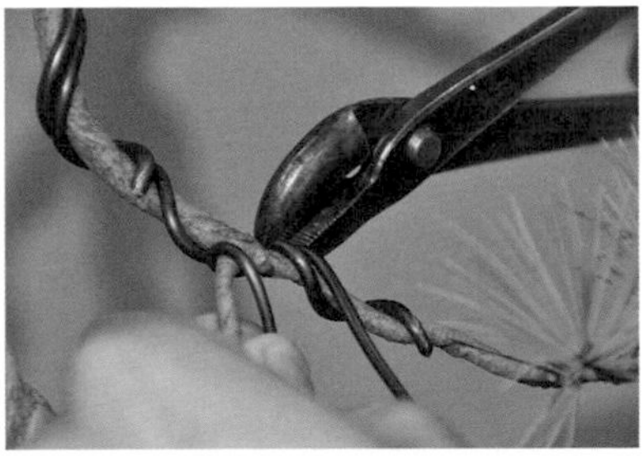

1 第二線的併入可藉由金屬鋏將兩線夾緊後再進行捆紮作業。

2 多向角度枝條若需進行整姿時，可先以第一線的一端固定於主幹，再將另一端纏繞於天枝處的其中一枝（七點鐘方向枝條）。

3 第二線的併入可一端固定於第一枝（七點鐘方向枝條），另一端纏繞於第二枝（九點鐘方向枝條）。

4 第三線的併入可一端固定於第二枝（九點鐘方向枝條）後，再將另一端纏繞於第三枝（因第三枝隱於第二枝後，故第三枝為八點鐘方向）。

5 第四線的併入可以一端固定於第三枝條後，另一端再纏繞於第四枝條（十點鐘方向）。若遇有多數放射狀枝條，可以此類推作業。

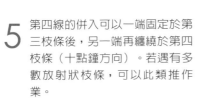

枝條的呼接

在取得五葉松創作素材後常發現是缺少內側芽的素材，在內側芽（退枝）不能立即確定有效前，使用同枝拉回再呼接的方式也是解決缺乏內側芽的一種方式。初春時，五葉松樹身體液已開始活躍，各芽點也開始萌發，此時正是呼接作業的最恰當季節。

呼接前應選擇各枝最前端及較強勢的一年生枝條，同時也選好欲拉回接枝的接觸點，由接點處斜切（大約和枝條呈30度）約三分之一深度，然後再以可互相咬合的方向接壓緊扣一起。此

1 儘量選擇一年生的枝條作為接穗。

2 枝條以平滑無傷口為佳。

時需注意切口處不可來回碰觸，盡量一次完成到位，甚至要避免接枝工作進行時和手指頭或工具的多次碰觸。然後再以透明塑膠帶紮捆固定，但紮捆前應用其他金屬線先於接點前端固定，以利於紮捆塑膠帶，完成後不需其他的塑膠袋施行套袋，只要接枝完成後保持日照充足、且樹體本身不缺水，成功率應該可維持三至五成，此法成功與否大約在半年間即可見分曉，成者，可分二到三次將接點前端覓一處慢慢將樹皮水線切斷，分段切除不要的部分，可促成養分往被接枝端輸送；不成者，來年可於不同處重複施作一次。

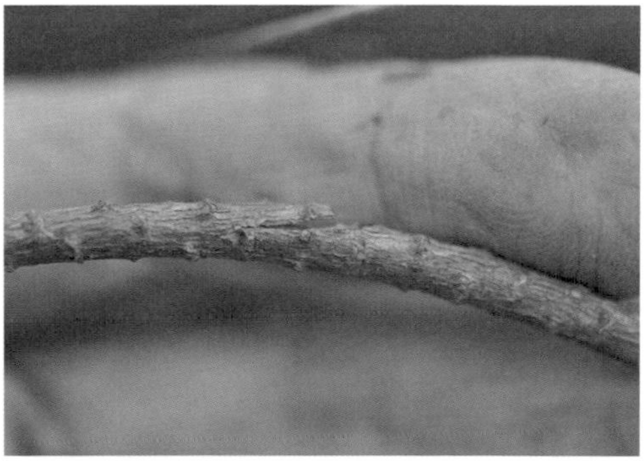

3 接枝處選定後，利刃與枝條呈 30 度，輕輕斜推至三分之一深度。

4 另一端接口處也施以同樣作法。

5 將兩斜切口輕輕地互相咬合住。（枝條末端可用一條鋁線圈起固定）

6 最後以透明塑膠帶緊緊紮捆牢固，不建議以自黏膠帶取代透明膠帶。（具過多化學成分且日晒後有脫膠之虞）

不管接枝或呼接，施行時最好選擇以同一株的枝條來作接穗，才不至於未來在同一株樹卻有兩種葉長、葉色的情形產生。順帶一提，五葉松並非雜木類或真柏類易於接枝，所以一棵五葉松的枝條多年多次接枝是常有的事。

1 這兩把不同的刀刃為接枝好幫手，如欲斜切較薄切口者建議使用右側刀刃。**2&3** 呼接後約十五年之癒合情形。**4** 呼接後傷口較平整之枝條。

改植——地植上盆、換盆改植、介質更換

臺灣五葉松在換植適期的兩個月中，三月初可算是最恰當的季節了，原因在於一整年除了冬季蟄伏以外，五葉松一直在爲自己的成長做努力，所以一旦春天來臨，蓄勢待發的芽點就像全被喚醒似的，會於極短時間內分化萌動，此時只要略帶些觀察力便可發現芽點的成長，但培養中的五葉松相較植於成品盆中的芽點會有所不同，要如何分辨呢？只要觀察芽芯是否分化到葉尖，即是最佳的換盆時期，而地植盆中培養的五葉松或成品多年的老松在萌芽過程中皆會有分化至葉芽尖的時點，所以我們可以用是否見到葉芽尖來作爲最佳換盆時機。

換盆前要先思考清楚換盆的目的，可能是在培養盆中已達成品狀態，可能是地植多年已達計畫中培養用盆的大小，也可能是處於成品盆的時日過久必須更換新介質等等，目的明確後，便可準備換盆所需要的物品，例如更新拆卸舊介質的工具及上新盆後的固定器具，當然還有新介質及盆器。切記，物品的準備必須在事前布署妥當，個人經驗是如果工具資材事先準備不足，作業時容易因爲方便行事而省略其中某些步驟進而影響日後松樹發展，唯有盡量以面面俱到的心態做事，才不至於讓費心創作的一棵五葉松毀於一旦。

對於五葉松的改植，需注意在植栽從盆內拔起之後，以利刃剪除舊有介質及根系時要留下約一半或三分之一的土團，如此將有益於上盆後松樹及新盆間的固定。此外，應特別注意避免

圖為培養盆幼齡松的葉芽分化情況。

以舊盆土在毫無剪除的情況下再次套上新盆，有計畫性的造樹應該可運用換盆更新介質之際，順便整理頭緒八方樣貌及根系才是。

上述換盆時間應屬於整個三月適期的最後尾聲，而換盆時期掌握得愈準確，五葉松在新盆上等待萌芽的時間則愈短，傷亡率也可隨之降低。然而當業者在五葉松種滿整園甚至一望無際狀況下，筆者所提供的換植適期可能較難掌握。種植數量較多者，其實從冬至之後便可開始以較爲保守的方式進行改植動作，甚至在中秋節前後作改植動作，唯筆者並不敢嘗試這樣的時間點。

1 另一株培養中的燭芽抽長後再分化葉芽之情況。**2** 由成品盆再植於培養盆中，做退枝步驟後第三年發芽之狀態。（此時為換植的最適期）。**3** 老松上的葉芽發展情況。（此時換植也是最適期）**4** 改植後的植栽固定比選對換盆時間點更重要。

COLUMN

三分品素材改植示範

田培初苗階段的三分品素材。

以原有田間培養介質未清除狀態下，轉植較大型的木製盆器中。

由於培養數量衆多，樹勢強盛者可於秋季移植，此季節移植極須注意水分管理。

因在秋天移植，水分如無適時適量供給，則整樹的乾枯也會隨之而來。

已移植一年的三分品素材，恰當的移植時間及適當的植後管理使樹勢強盛。

準備移植前的斷根作業。周全的斷根作業能提高移植的成功率。

1 斷根。**2** 移植後植栽的固定工作亦十分重要，同樣關乎著移植後的存活率。**3** 移植後確實固定妥當。

四月管理

摘芽剪定

每年四至五月進行摘芽、除芽是臺灣五葉松管理上的重頭戲。摘芽前，我們應先瞭解摘芽的目的是爲了創造綿密的立體性枝棚，或是爲了讓枝條一分爲二，二再分四，以此類推；亦或是爲了縮短枝葉的節間，讓其松葉長成後展開呈現雲朵狀，目的不一而足。筆者依自身作業經驗，將摘芽目的歸類如下，雖歸類方式難免有些重疊，但做法不同是爲了不同目的而行。

一、初苗蓄幹階段之摘芽

實生苗寄植於培養盆內尚未種植到田培階段稱之爲「初苗階段」。初苗的春芽是否需要摘芽，非常值得討論。由於初苗階段的苗木極爲強勢，大部分會在第三年到第五年間出現車輪枝（註1）之強勢芽，更強勢者甚至在第二年就會發生。此時如果不及時摘芽，車輪枝則會出現在未來盆樹的主幹間，當樹幹有車輪枝出現，出枝處的腫大變形也會隨之發生，所以初苗階段的新芽續留與否很重要。先不管車輪芽數有多少，不管是兩強一弱、還是強弱各一，都先以留下主要的強枝後再留下一至兩枝弱枝即可。留下三芽時，也盡量以等腰三角形的排列爲佳，此摘芽方式可創造出

1 為追求往上發展的綿密枝棚，摘芽階段必須將節間過長的強勢芽去除。（圖為摘芽前）**2** 將強勢芽及生長中勢的尾端去除，留下的弱芽便能較均勢的生長。（圖為摘芽後）

較爲順暢的樹形。

二、素材培養階段造枝性之摘芽

培養階段最需要合理性的枝棚發展及綿密的枝棚造枝計畫，所以進入培養盆階段的五葉松都應著重於水平側向枝椏生長的控制，因枝條的發展和將來枝棚的代枝數（註2）息息相關。在造枝階段，如果只有兩個芽點，則使兩芽強弱均等即可；但如果發生三芽併排的情形，則摘除中間的強芽，再使留下的兩芽強弱均等即可。然而必要時也可留下長短不一的枝椏生長。（枝椏一分爲二，二分爲四，接著再往外分枝後，一段一段的往外生長，稱之爲代枝數）

三、車輪枝的選芽

會產生車輪枝的五葉松大多數發生在頂芽處或是橫向枝的最前端，即較爲向陽或日照充足處，且越長越強勢。所以當輪生枝（註3）萌芽不久後，就應選擇不留芽儘速剪除。原則上車輪枝不論其枝的數量，盡量以留下二～三個弱芽爲佳。例如頂芽車輪枝可留下二～三芽弱芽，其餘剪除，留下弱芽在未來枝條熟成後，可有較短的節間，而橫向的車輪枝則留下較下方位置的二枝弱芽，其餘剪除，如此可在未來造樹時產生較有力道的枝條流向。

1 頂芽處強勢枝的車輪枝可達七枝以上，有時甚至可達十幾個枝芽。**2** 剪除強勢的芽條，留下較為弱勢的芽條。**3** 強弱不一的新芽。**4** 將強弱不一的新芽修剪後之樣貌。將強芽去除，再將長勢居中的燭芽去除一半，弱芽將快速生長。

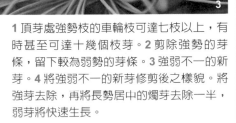

四、三芽的強弱去留

在培養階段的五葉松常發生長滿三芽新綠的情形，而三支新芽中會有一強二弱的狀態，也會有強中弱各一的情形，此時只要把生長位置在中間點的強芽從芽根部剪除即可。若摘除強芽後，中強芽和弱芽的差距仍然懸殊時，只要再把中強芽由芽基部開始算起，留下四～六束松針後其餘剪除即可。以上兩種剪芽作業可使兩芽新葉長成之後，會有同等的枝長及葉量，且當中強芽的尾端被剪除後即不會再抽長。

1 強弱懸殊的輪狀芽。**2** 同樣將強芽去除後，留下較為弱勢的小芽。

五、兩芽時強弱芽的去留

當觀察五葉松枝尾端芽有兩芽一起萌發時，兩芽同等強弱的情形少見，通常是一強一弱，若任其發展則會變成強芽越強，最後成爲長節間的枝條，弱芽則是不再發展逐漸弱化。爲避免此情形發生，當強芽長到可判斷具備約八～十個葉芽尖時，從芽基算起保留四～六目葉芽後其餘摘除，此時強芽會受到抑制不再生長，而弱芽將急起直追，唯弱芽若是追勢過盛、生長過長，那麼弱芽發展的枝椏也必須再做摘芽，只留下四～六目葉芽後其餘剪除。

1 一強一弱的芽況。**2** 留下四～六目強芽的葉芽後其餘去除，促使弱芽均勢生長。

六、老松成品木階段的摘芽

我們可藉由限縮日常給水、施肥等管理方式，使接近成品進入展覽階段的老松不必每年都在爲摘芽傷透腦筋，因成品木移植於成品觀賞盆的內部容積小，所以介質土量也較少，理所當然，水及肥分涵養量也相對減少，使得春芽萌生期也較不會產生燭芽，甚至會有整棵松樹無芽需摘的情形。如果有過長的燭芽產生，也須留下四～六目的松針葉芽，其餘剪除即可。

1 在成品階段的老松樹上依然可以看到略有節間的強勢芽。2 為創造有雲朵狀的葉朵，依然留下四～六目葉芽後，其餘剪除。3 幾經馴化後，短葉老松樹上長出的春芽幾乎是沒有節間的顆粒芽，而這類的芽狀予以較貧脊方式管理時，來年的短葉芽長勢可以持續強勢數年。

1

3

2

七、胎芽的去留

臺灣五葉松在原生地多是以一年一次春生芽的型態生長，除非生長地有突發的天候因素，導致該松樹忽然有大量斷枝或多量葉面積的驟減，才會有第二次芽的增生。然而，我們地植或盆植培養的松樹卻常因創作的刻意修剪而導致葉面積大量縮減進而產生二次芽。而此二次芽若只是因葉量減少後的自動調節，那麼這二次芽會恰如其分的補足枝棚間的空位。但若是因爲過度強剪，松樹本身會猛然爆發多量的胎芽，此胎芽快速成長轉成枝條，但胎芽的枝條會因葉朵節間過長，枝條瘦弱亂竄較無方向性，造成不利於未來枝棚塡造的結果。若此情況發生，筆者建議讓胎芽枝成長完成時再予以剪除。

1 建議讓胎芽快速發展長成的枝條完全生長之後，再將其全數剪除。**2** 養分過於充足時，成長快速的胎芽會有較長距離的節間。**3** 胎芽過長之胎葉芽細部圖。

POINT

進行各種目的的摘芽時，最需考慮的是天氣問題。如遇雨天則建議延至晴朗天氣再來施行，因雨天摘剪葉芽其傷口癒合較慢，建議晴天早上澆完水後摘剪最佳，因澆水後葉芽較為脆弱易於折斷，且傷口易乾更利於日後的癒合。

剔芽的縮短剪定

當我們仔細觀察臺灣五葉松枝棚內側，在內側深處無分枝且日照可及之處都會有一些細小不易發覺的定芽點附著在枝條間（註1），這些細小的定芽點通常會隱身在年輕枝椏間（約三~七年左右），假使我們未刻意以逆行管理方法施行一些摘芽與擋芽動作，那麼這些內側的定芽點大概也不會無故冒出葉芽而開展成枝，枝棚也會因爲沒有豐富的內側枝而永遠達不成紮實的葉團。

不管從五葉松培養場或是從花市購回的五葉松，葉群大部分都是在外圍，內側通常較無枝棚葉群，甚至自行栽培的成齡老松到最後也會因爲缺乏內側枝條，而失去讓過於老態的枝棚有重新再造綿密枝棚的機會，這「如何運用摘芽來迫使停滯生長多年的定芽點萌生」的作業，在這一季節也就特別重要。

如何以人爲方式迫使內側定芽點萌發？施行前提爲不論任何樹齡的盆培五葉松都必須先養旺其樹勢，萌芽後斷其芽勢，促其枝條內側的芽點萌發，然後發展爲枝條，其做法是於前一年秋末冬初施予大量長效固態肥料，五葉松吸飽肥分後會於來年春季以強勢的樹性萌發春芽（註2），此時不管是燭芽或車輪枝芽都以不摘不剪爲第一原則，待其松葉徒長至一半或三分之二長度時，從芽基處留下五針一束芽後剪除其餘部分，也不管新芽是一枝或是二~三枝，都只留下最前頭的一束葉芽即可。當我們剔剪松芽後，其強勢樹性的涵養養分無處可發展，此時隱身在枝棚間的微細定芽就有機會開始萌動（成長程度端看樹勢強弱而

1

2

3

1&2 久植於盆內培養未曾做過縮短枝棚的剪定動作，除了會節間過長之外，枝條樹皮老化也是久未做剪定動作之後果。**3** 經過一年左右的多肥多水管理，待芽勢穩定後施行只留一束葉芽，其餘尾端葉芽盡數剪除的剪定動作。

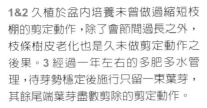

定）。定芽如果停滯不動，可能是前年樹勢尚未養足，或是會在當年夏末秋初之際萌發，仔細觀察會發現這些定芽的發展是極為緩慢的。

一棵五葉松葉群的縮短剪定，在前述的操作過程下，於三～五年間即可發展出綿密的枝棚（註3），所以這種縮芽剔葉的步驟最需具備的便是耐心等候。

註1：因隱沒在枝棚間的定芽極為細小，在創作過程中常不易察覺，會在我們為五葉松整姿纏線時被金屬線或工具及手指頭無意間碰觸而掉落，故整姿剪定前必須先仔細檢視整棵樹有無此類定芽點，若有的話建議先為定芽點做好保護措施。

註2：由於臺灣冬季時平地溫度並不像中、低海拔山區那麼低，所以五葉松幾乎沒有生長停滯期，此時施肥仍會促使五葉松生長。

註3：臺灣五葉松剔芽縮短的剪定動作最好是以三～五年為一個週期，縮短剪定期間以「施肥↓葉芽剪定↓定芽」發展為一循環操作。定芽萌發的第二年，可能只見其松芽發展成小小一束五針左右的松葉芽，到第三年可不能因此而停下縮短剪定動作，如此的剪定步驟在第三年及第四年都需持續進行，待其定芽發展至第二代枝棚後，再以蓄養枝棚養枝方式管理。

1 只留一束葉芽的剪定，一段時間後其枝條內側芽點因養分充足，促使芽尖已開始萌動。**2** 剪定一年後之芽況。**3** 以原先的一葉芽慢慢發展成圖片中之樣貌。**4** 由一小小芽點發展約三年後可開始分枝的樣貌，此枝條點是多年後在大部分枝條節間過長葉量蓬鬆時，可再以這小枝條作為第二次替代性的枝條。

POINT

此剪定方法最需注意程度控制，如果葉芽被強剪過頭，樹勢會急轉直下而轉弱，雖然樹不會立即枯萎，但定芽則有可能自行凋萎；因此欲剪定的葉量多寡，有必要事前評估及控制，呼應本文一開始所提及養旺樹勢再進行剔芽縮短剪定的重要性。

五月管理

素材雛形的剪定作業

在花市或素材培植場挑選五葉松素材時，難免會遇到挑戰性大的高創作價值素材。初期將此類素材往可觀賞階段的成品木方向進行時，施作剪定的方式不能同楓樹、榕樹或其他強勢物種般，在初期創作時就剪除大量枝葉後再蓄養枝椏，若五葉松以上述方式操作很容易會發生失枝（註1）、葉尾焦黃（註2）、胎芽（註3）等情形。因為當盆上的樹身一次去除過多葉面積且剪除多量根系時，易導致五葉松植株死亡，所以在五葉松的創作管理上，一次大量的葉面積剪定最多為整體的一半，而剪定整姿後馬上再換植於更小的成品化妝盆中也是非常不適宜。筆者就曾因大量整姿剪定而失枝，甚至最後全樹枯黃死亡，故建議採取較為保守的分段方式進行整姿及剪定作業。

註1：失枝：因剪除大量葉面積或因曾在酷暑下失水而造成整個枝條乾枯。

註2：葉尾焦黃：五葉松屬於針葉類，異常管理時常會產生針葉尾端焦黃乾枯情形，當葉量裁剪過多及盛暑下失水最容易發生。

註3：胎芽：原本胎芽只會出現種子播種時，但若是過度剪定、肥分過多、樹勢過於強勢時也會產生。

久植於盆中培養的小品五葉松，其茂盛的葉量已覆蓋整棵樹的內側枝棚。

保守的剪定在整年度中可分兩次進行。第一次剪定可於夏季開始，而且以保守爲原則，像是整棵松樹有四～五枝不要枝，可先行剪除二～三枝即可（約整體不要枝數量的一半）。整姿過程中枝勢方向如需較大的調整角度，可用較大較粗的鋁線直接上線調整，或是用鋁線直接以牽引方式拉到所需角度，整個第一次雛形剪定作業到此即可告一段落。待秋季（約間隔四～五個月）時再次爲該樹施行當年度第二次整姿剪定，而第二次大量葉面積的剪定，只要拆掉年初時所纏上的鋁線，直接再次整姿纏線剪定即可。

1 整樹剪定後之樣貌。此次剪定葉面積約整體二分之一。（不宜更多了）**2** 剪除之葉量。其中有胎芽枝、過長的代枝及過粗的枝條。**3&4** 兩圖之左側皆為已做剪定之模樣，右側較高處也將修剪同左側高度。

POINT

前期的雛形剪定作業最需注意的是剪定程度拿捏，一般愛樹人通常會過度剪定整姿，一旦剪定過度不僅易傷及樹勢，且因樹勢下降更可能導致整個創作過程就此停止，需十分謹慎小心。

因代枝的枝條口徑過粗，此次剪定也會一併剪除。

1&2 強剪過度時的葉尾焦黃。雖整樹葉尾焦黃，然而並不會影響隔年春芽之成長。**3&4** 若春芽強剪過度，則胎芽會如同雨後春筍般一一冒出。**5&6** 適度適量的修剪，可避免新芽及內側芽因調適不及而枯黃。

後期摘芽剪定作業
（節間過長的剪定）

當五葉松春芽發展到五月底時，過長的燭芽及過多的車輪枝都已於四月底五月初被剪除，最後留在枝頭上的就是今年會繼續成長的葉芽。此時的葉芽針葉大致都已發展至一定長度，有的葉基、葉鞘甚至已經開始熟成掉落，然而仔細觀察仍會發現一部分的新芽枝長過長，這時依然須剪除過長的葉芽，施作方式是保留基部六～八束的松針，其餘剪除即可。

此步驟在五葉松的春、夏剪定屬於重要步驟，如果葉芽過長不剪會影響枝條的節間。筆者曾經仔細觀察成品度較高的五葉松需要多少束松針的數量，其所產生的葉朵形狀最爲順眼，結論是以七～十束所產生的葉朵最能呈現朵狀葉團，而後期的葉芽剪定作業不只是葉團的塑造，也是樹形保持的重要課題。

1&2 過長的春芽在未來樹形維護上確實會產生極大困擾。若該樹屬於中大品尺寸，在枝條節間上可留有長節間；但若為小品或迷你品時，過長的節間則不利於樹形大小的維護。

未修剪之節間及葉量。（約十三束）

留五～七束新芽，其餘剪除，如此節間也隨之縮短。

頭緒根盤的整理（剪除不要根）

臺灣五葉松盆栽素材創作時，建議不宜在短期間內同時施行過多的剪定動作，或者應該說臺灣原生種的五葉松盆栽種植及培養歷程尚未超過五十年，以至於到現在還沒有所謂標準化的管理施作時期及方式應運而生，所以筆者聚集幾位同好們以較爲保守方式施行分段的剪定管理作業。選擇年間樹勢最強勢的時期來施行剪除不要根之作業，依經驗，以此法施行能讓折損率降至最低。

需要去除的不要根有忌根、浮出盆土表面的根以及過長的根等，而選擇此時春、夏松樹新舊葉掛於枝末最多時來施作較爲恰當，切莫等到松葉熟成且葉鞘開始掉落後才開始施行剪定，如此恐

素材田培期間未將浮出土表、上下交纏、左右重疊的根系做切除整理動作，將來轉植在較大培養盆時應盡速作業，以成就未來植入較小成品盆時具有更豐富的可看性。

圖片中間的細根及左下側的浮根雖未造成立即性的美觀影響，但也建議於此次作業中一併剪除。

清除些許表土後可發現部分根系方向的發展並不恰當。

有葉尾焦黃之虞。忌根的切除必須注意被切除根的口徑大小。過大者可分數次切除，尤其是口徑超過五葉松植株頭緒直徑的四分之一～三分之一以上者，更需要多次施行。較小直徑的不要根則可一次剪除，但不管切除處大小，切除時必須留下切除根口徑的二～三倍長。

忌根大口徑需切除者若分多次進行，建議以年爲單位，例如第一次裁鋸一半（被裁切處必須是根部下方），隔年再裁鋸另一半（根部上方）；第一年裁鋸根部下方同時，也必須修平根皮並塗抹發根劑，以促進細根生長，如此第二年切除另一半時，不要根才不會一直往樹基頭緒處乾枯，此操作較不會引起樹基在短時間內斷了水線，造成樹基處產生樹皮乾枯，最後變成樹基處的舍利幹。

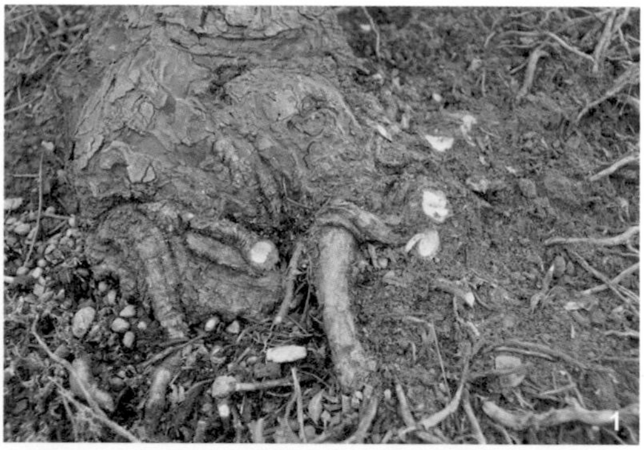

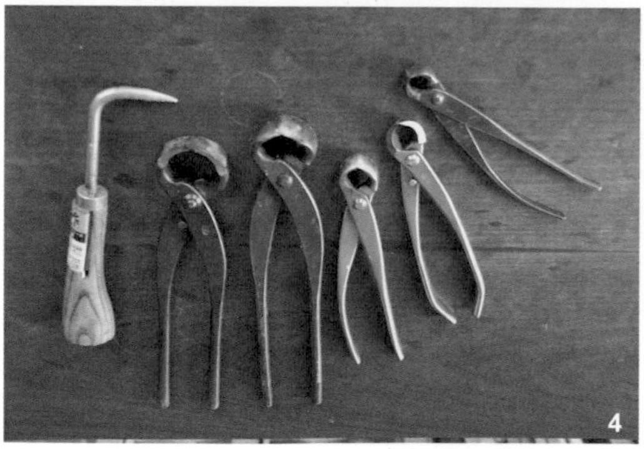

1 將大部分不理想的根系悉數剪除後之樣貌。**2** 剪除前需確認下剪處是否留有細小石子，以避免造成刀剪工具的損傷。剪除時盡量使其平整光滑，以利未來傷口癒合。**3** 修剪後盆土回填之樣貌。**4** 不要根剪除作業所需工具。

短葉法

有關短葉施作的方法，筆者曾經以日本黑松進行短葉法數年，然而結果並無明顯成效，且出現兩極化結果。強勢樹性者爲其短葉摘芽後，會反射性的再次抽出夏芽或胎芽，且再次長出的葉子會比第一次的春芽更長；對於較弱勢的五葉松進行摘芽，結果是不只當年不再抽出新芽，甚至影響來年的萌芽狀態，葉長參差不齊。在爲五葉松試行短葉時，經常翻閱有關松樹的培植方式，但資料均未曾提及臺灣五葉松的短葉法，更遑論有實作方法可供參考。筆者除了持續努力參閱相關資訊，也在實務上經年累月不斷剪芽、剔葉及換盆改植，對於追求既短且直的美麗葉群，嘗試多年後有以下幾點關於短葉的有效方法：

1 每年五～六月分，趁著五葉松春芽成長至一半時，開始將去年的舊葉全數剪除，此舉能為當年的松葉帶來縮短之效。**2** 將舊葉之葉基留下0.5～0.8cm長度，其餘剪除後，其殘留之葉基會於一～二周後因乾枯而自動脫落。

舊葉剪除後之全樹樣貌。

一、素材選擇時，以葉性較短且直者爲佳。

二、素材選擇時，以業者盆植較久且盆齡（種植於盆器中的時間）十五年以上者爲佳。

三、盆植的盆缽盡量小一號，再施以少肥正常給水之管理方式，也有很好的短葉效果。

四、可考慮以排水性佳、密度低的細砂石種植後，長時間不添加新泥土介質，亦即五～八年不換盆且不更新介質，也可使葉子短直肥厚具光澤。

近年，幾位五葉松愛好者發展了另一套五葉松及赤松的短葉法，亦即在五葉松春芽萌發時，當松葉長至所需葉長時，將附著於枝椏間的去年舊葉一次剪除。剪除後，新葉芽的葉長生長速度就會立即停止或趨緩，且新葉芽也會因爲缺少舊葉行光合作用的關係而停止生長，最後新葉會以剪除去年老葉時的長度慢慢變綠。欲進行這類短葉方式須確認樹勢非常穩定才可施作，且不能連續幾年都以此方式爲同一松樹施作短葉，畢竟用耗弱的方式使其葉短，對樹本身也是一種傷害，過分操作的話該樹終將耗盡而枯黃。

施行快速短葉法步驟，二個月後之樣貌。

1&2 圖中葉況也極為短直，此短直之松葉是以文中所描述的較溫和方法栽植而成。

六月管理

年中初次剪定

當五葉松管理進入六月分這季節，是年中初次剪定的最佳時機。因此時生長中的葉芽群大致都已發展一半以上的長度。而樹勢強盛者，甚至都已經將當年的春生葉芽生長完成，保護嫩芽的葉鞘膜與老葉也開始掉落。這時整個植栽的葉群（無論是在地面培養的素材或是種植在各大小盆器中的成品、半成品）是最爲紊亂、參差不齊的時候。新葉翠綠葉芽成熟，而去年葉尚未脫落，葉色較爲灰綠色的老葉仍停留於枝椏間，不只是同一樹上有兩種葉色，且整棵松樹會

於新芽長勢至最後階段時，進行當年度的第一次剪定。剪定之重點在於將之前所預留的枝棚重新架構圈點。

因以較大培養盆種植，再以多肥量管理，才有如此強勢之長勢。如此高密度葉團若不適時剪定，則較貼近樹身的內側芽不易受光，恐將造成病蟲害滋長而日漸凋萎。

因今年葉與去年葉同時存留枝椏間使得葉量是其他月分的兩倍之多。再者，如果去年底或前年施行大量肥料培養、自然長出的內側芽也都發展出至少一～三束以上的針葉，或是年初因肥培後再強剪因而陸續長出今年的第二次芽，選擇此時期作剪定，讓其枝椏內部受光通風可說是最爲恰當的時機。

由於年中初次剪定並未與整姿纏線同時進行，所以在剪定時應盡量保留枝椏間新長出的內側新芽。而樹身上過多的枝條也可在這次剪定時一併剪除，甚至將長年修枝剪芽而造成的過密分枝與葉量合併於此次施行。整個剪除不要枝的作業，盡量以不超過整棵樹葉面積的三分之一爲原則，以避免影響樹勢。

因為此樹樹勢甚強，筆者做了較多葉量的剪定，將造枝時不需要的枝條一併剪除。

去年老葉的剪除

　五葉松由春季的葉芽發展至今，大半都已接近尾聲，而整年度五葉松管理的步驟在此時也進入到一個分水嶺。亦即由造枝蓄芽的管理，轉為整姿剪定的步驟。當新葉芽成長已臻成熟（以葉鞘脫落與否為依據），此時新葉（今年葉）及老葉（去年葉）都會集中於五葉松枝椏間。新葉及老葉會呈現兩種顏色，新葉即當年葉，葉色較為翠綠，老葉即去年葉，則為灰綠且葉尾尖部易有焦黃狀。若整棵五葉松盆樹葉面積數量很多，則大部分老葉會在新葉芽完成，葉鞘脫落時自動轉黃而掉落，但若此五葉松盆栽是已屬老態且葉量有控制在一定數量內的成品松，若無主動進行去年葉剪除，其老葉是不會自動脫落的。因此，為便於日後管理及後續整姿作業，這類成品度較高的盆樹筆者會建議以人工方式強迫剪除老葉。

　在五葉松管理上，剪除老葉的必要理由有以下幾點：

一、整體葉量控制。
二、老葉剪除後，可使枝椏內部日照更為平均，促其內側芽萌發。
三、枝椏間的通風。
四、因日照充足及枝椏間的通風可降低病蟲害的孳生機率。
五、舊葉剪除後，可避免新舊葉色不均，使整體樹相更為美觀。

　上述五點中，又以葉量控制及促其光線充足後內側芽萌生最為重要。此外，還有另一個原因需做老葉去除，即是於秋、冬季整姿作業進行金屬線纏繞時，才能使纏線有效控制枝條末端位置及角度。如果未剪除老葉，則金屬線便未能纏至枝條末端，這點在進行整姿實作時更能深刻體會其中緣由。

1&2 五葉松自六月底新生葉開始成熟，而去年生老葉也逐漸轉黃。這些日漸枯黃的老葉有些會自然脫落，有些則會一直依附在枝椏間，直到來年該樹的新葉長出時才會脫落。

去除老葉方式一般有兩種，一是直接徒手拔除，另一是以銳利剪刀剪除，筆者建議採取第二種方式，因爲以剪刀剪除老葉，在枝椏間的樹皮上較不會產生撕裂傷口。

去除老葉的作法爲直接留下松葉的葉基0.3～0.5cm，其餘剪除，而留下的葉基會於一～二星期後自動乾枯脫落。若是五葉松需再作循環性週期的退枝者，則建議於較接近幹基處留下一～二目去年葉，使其來年可於去年葉芯處長出內側芽，而提早剪除的老葉，可避免於秋、冬季整姿纏線施作和夏季老葉剪除、葉量調整的時間過於接近，更能避免影響樹勢健康。

1&2 去年生老葉去除後綠意盎然之模樣。只留當年新葉的葉況，不只可使枝椏間的葉群保有通風之好處，且朵狀的葉況更顯現出五葉松樹態精神奕奕。

3 以銳剪剪除去年生老葉尾端，留下 0.3～0.5cm 左右的葉基，這葉基在一～二周後會因無光合作用及水分傳輸而乾枯脫落。**4** 葉朵中間顏色較為咖啡色者為新葉葉芽之葉鞘膜，當葉鞘膜開始脫落之際，也代表新葉芽成長完成，此刻可開始進行老葉去除作業。

金屬線的拆剪除

金屬線拆剪除方式可分爲兩種，一是徒手將鋁線以左右旋轉方式扭開，而拆下之金屬線拉直後可重複使用；二是利用金屬線剪鋏以段落式的方法一一剪除銅鋁線。前者的操作方式雖可節省耗材，但若操作不慎反覆旋轉多次可能造成樹皮損傷破皮；而後者方式雖線材無法再次使用，但較不會有撕裂樹身的隱憂，並可享受盆栽與刀剪工具互動之樂。

五葉松盆栽的塑形除了使用剪刀進行長年的整理修剪引導其樹形之外，不可或缺的另一項引導樹形工具便是利用鋁金屬線或銅線爲其整姿塑型了。一棵五葉松的雕塑，通常需要年復一年多次以人工使用金屬線爲其整姿塑型，然而想要一勞永逸的依賴固定在樹身或枝椏上的金屬線一路到達成品樹階段是不可行的。這是因爲樹身或枝椏在盆中雖然生長緩慢，但若有金屬線附著其間，卻未注意樹木的成長速度及態勢，即時將銅鋁金屬線拆除的話，終究會導致樹皮產生永遠無法褪去的金屬線壓痕。

那麼，附著於樹皮上的金屬線持續多久時間爲佳呢？筆者建議半年至一年左右，然而金屬線附著時期的長短也可依照成品度創作階段作爲考量，越是處於初期創作階段越是要提早爲其拆除金屬線，而接近創作完成階段則可視其樹皮有無鋁線壓痕再行拆除。因初期創作在枝條角度上通常需要使用金屬線纏繞做較大角度的調整，而大角度的調整通常是最快產生金屬線壓痕的原因與位置，當年復一年進行枝條間的創作使其漸趨於我們想要的角度時，後續因纏線整姿而再改變的角度已經逐漸變小，就算金屬線長久附著也不會產生壓痕，所以創作成品度較高者，甚至可達一～二年都不需拆除金屬線。

最適合臺灣五葉松進行整姿的期間通常是每年秋、冬時期，在每年六～七月新的春芽完成生長後，樹幹及枝椏會成長變粗，尤其是新舊葉共存於枝椏間時，其樹身及枝椏長粗的速度會更快，所以筆者建議於六～七月進行金屬線的拆剪爲佳。

褪色後的鋁金屬線在枝椏間產生色澤上極大的不協調。這類情況下建議將該金屬線拆剪除。（圖片中所使用的金屬線為鋁線）。

COLUMN

銅線與鋁線的運用

一般在市面上經常看到的金屬線都是電鍍成古銅色的鋁線或鋁金屬白色原色較多，銅線因購買不易且製作難度更高，因此鮮少人使用。銅線與鋁線這兩種線材的差異性在於相同口徑下，銅線強度約鋁線的一倍，由於銅線硬度較硬，所以在整姿上有明顯的困難度，但也正因如此，銅線在纏線後調校枝條的支配性充足。此外，金屬線在樹身上經過風吹日晒雨淋氧化後，鋁線外層的古銅色電鍍會漸漸褪回鋁金屬原色的銀白色，雖然枝椏未因長大腫脹產生金屬壓痕，但由於電鍍色褪色後外觀不佳，因而必須剪除。而銅線在枝椏間愈久，外表因爲氧化形成不具光澤的深咖啡色，幾乎與松樹枝幹融爲一色，當松柏類接近成品階段時，使用銅線爲其整姿時可因盆樹接近成品且枝椏不再長大，既不會因此產生金屬線壓痕，且枝椏間與銅線同色化效果，因此可以在之後的二～三年間不必進行銅線的拆剪除。

1&2 因金屬線附著於枝條間時日過久，該處樹皮已開始產生凹陷。（圖片中所使用的金屬線為銅線）

1 五葉松樹身若有金屬線壓痕，在視覺上會產生極大的違和感，建議在纏線整姿三～五個月間，趁著尚無壓痕時將纏繞過樹身的金屬線先行剪除。**2&3** 幾乎無鋁線壓痕的枝條，近距離欣賞有著枝椏間距之美。

4&5 整姿纏線之前先以紗布將金屬線包覆再行纏繞，可延後金屬線使枝條樹身產生壓痕的發生時間。

二次芽的摘剪除

臺灣五葉松如果在山上的原生地生長，大概不會有第二次夏芽或秋芽的發生，除非在當年遭遇大風雨或雷擊時斷了大半枝棚，因而使得整棵樹的葉面積大量驟減，才會有一年二次芽或多次芽發生的可能。但異地而種的盆植五葉松呢？除了每天有別於山中野地裡長年無水無雨的每日例行性澆水，以及進行強勢春芽的摘除，甚至年間管理的基礎施肥（基肥）及基肥不足後的追加施肥（追肥），這些基礎作業都有可能造成當年的第二次芽或多次芽之產生。

一般我們常見的二次芽有二種，一是在四、五月間的初春強勢芽，即在進行大量強剪後再次冒出的胎芽，另一種即是一般的葉芽（葉芽也會因節間過長而無存留價值）。前者一般都會有較長節間且胎芽枝條較爲纖弱，所以建議芽基處留下一～二束葉，其餘剪除或是全芽剪除也可以，而後者葉芽的長度一般而言很難與第一次春芽的葉子同等長度，第二次芽多以較長的葉子參差葉群中。其實不管節間與葉子長度是較長或較短，除了留下需塡造枝棚所用的枝條之外，建議其餘的第二次芽都一併剪除，因不整齊的葉長會影響整棵樹的外觀，尤其是已接近成品的五葉松盆植木。

因年初施行過春生芽的摘剪，使得六月分時二次芽強勢冒發，葉量甚至已超過年初第一次芽。

COLUMN

年中第二次芽的去留

基本上盆植的臺灣五葉松一年中大部分會有二次芽，甚至三次芽的產生（大概只有較爲荒老的成品樹一年一次春芽）。多次芽的產生，大部分都是因爲人爲因素而造成五葉松自體的葉量調整，留與不留皆視需求進行調整，但二次芽的發生也常因年初換盆改植後，樹勢轉爲衰弱，造成當年新葉芽稀少，而在春生芽冒發、根系生長，接著二次芽隨即展開。若有此情形者，則建議二次芽不要剪除，留著繼續培養樹勢，待來年樹勢恢復了再進行摘芽剪定。

第二次芽剪除後的模樣，仍保留較短節間的弱芽。

雖是整年度的第二次冒發，其強勢葉芽仍有較長的節間，而長距離的節間不利於五葉松中小品的枝棚造枝。

強勢的修剪來自於年度間的細心管理，成堆剪下來的枝條幾乎比留於樹上的還要多。

透水性不佳的盆面改善

盛暑的七~九月是臺灣五葉松最需要注意水分補充的季節，而水分補充最直接的方式自然就是日常早晚澆水。每天澆灌必須水量時，須特別留意若遇到年久尚未換盆（五葉松盆植五~八年之久）的植栽，而盆土表面又長滿青苔，或因長年施肥致使盆面土壤凝固化，則極有可能在日常澆灌時會因爲水分直接由乾裂的青苔上溢流於盆緣之外，導致水分無法順利滲透進入盆土中，造成五葉松植栽常因處於缺水狀態而使得樹勢日漸衰弱，影響了松樹的長年生長。而此時的盛暑又不是五葉松更換盆土的適當時期，最佳的補救方式便是將表土層的青苔去除，再刨除些許盆面土壤（約0.5~1cm深），接著用刷子將鬆脫碎土刷除乾淨後補上新的輕質山砂或其他介質，最後以泡水軟化後的全新水苔做鋪面保溼，如此一來即可改善盆面透水性不佳的問題。

多年未更換過盆土的五葉松，其盆面已布滿了青苔。

1 先澆溼盆面後再以工具將青苔仔細剝離。（刨下的青苔也可於晒乾後揉成屑再灑回盆面）接近盆面的細根也一併剪除。（如圖上工具挑起部分）

2 將盆子轉至傾斜角度，利用熊爪等工具將盆土往下刨約 1 ～ 2cm 深。

3 盆土刨除後，擁擠的細根也一一浮現。

4 接著剪除細根後，再將盆面的細土刷除乾淨。

5 回填細砂土。

6 水苔鋪面可以預防盛暑午後烈日下水分的快速散失。

八月管理

病蟲害防治

春、夏季是五葉松樹身上寄生蟲繁殖最快且病害好發的季節。在這季節中，很容易在松樹各節間及枝條背陽處發現一些蟲害，像是蚜蟲、粉介殼蟲、介殼蟲及螞蟻等的蹤影，甚至會出現松材線蟲啃食松樹主幹之維生供水系統。在置場日照充足卻通風不佳的情形下，病蟲害發生的機會更高，對於五葉松或其他木本盆栽較常發生的病蟲害及其處理方式如下：

一、**蟲害**

㈠蚜蟲：通常危害新芽及嫩葉。全年都會發生，但以晚秋（十～十一月）、早春（三～四月）為盛期。推薦使用防治觀賞植物的益達胺9.6%溶液，可有效防治蚜蟲。使用倍數500倍，通常施藥一次就可有效防治，若害蟲密度太高，可於一周後再施第二次。

㈡介殼蟲：介殼蟲種類眾多，整年都會發生，共同點是喜歡光線不足的場所，有的喜歡潮溼，有的喜歡乾燥，但通風不良的環境尤其是牠們的最愛。介殼蟲會危害全株，包括根和果實。發生密度高時，通常需要施藥一次以上，第二

在五葉松上最容易發現的蚜蟲，螞蟻則是與之共生的小昆蟲。

次施藥隔一周以上。可使用觀賞植物用藥，陶斯松40.8%乳劑1000倍，或百利普芬11%/乳劑1000倍。

㈢紅蜘蛛（葉蟎）：主要危害葉片（以老葉爲主）。不喜歡潮溼，所以雨季來臨時密度會降低，乾燥季節易發生。可使用觀賞花卉芬殺蟎15%水懸劑2000倍或芬普蟎5%水懸劑2000倍。

1&2&3&4 常見於五葉松針葉上的介殼蟲。

二、病害

㈠灰煤病（煤病）：此病是由吸汁性害蟲（蚜蟲、介殼蟲、木蚤、粉蚤等）所分泌的蜜露引起。有效防治吸汁性害蟲，就可杜絕此病。

㈡葉震病：近幾年被農業相關單位所認定的病害，目前雖無最有效的藥劑可供使用，但平時可使用鋅錳乃蒲或石灰硫磺劑來預防。

大部分藥劑是作用於病菌及害蟲，並非植物本身，所以相同的病蟲害，用藥效果並不會因爲發生在不同的植物而有所差異。效果會有不同是源自於不同病蟲害危害植栽部位的差異，例如介殼蟲在容易脫皮的樹種之樹皮隙縫內的危害，會因爲藥劑不易進入，導致防治效果大受影響。

1&2 夏季潛伏於松葉上的鏽病初期。**3&4** 鏽病後期之樣貌。**5** 葉震病夏季時之樣貌。

除了病蟲害發生時需進行處理，一般建議以下兩種管理方式：

一、雨後殺菌：通常相對溼度高的環境較容易發生病蟲害，因此下雨後的殺菌預防工作，可使用貝分替44％／水懸劑1000倍。

二、年度：於病蟲害易發生的季節，早春、晚秋每個月施藥劑一次，其他時間則二個月一次。

以筆者經驗，其實臺灣五葉松的置場若是日照充足、通風良好且溼度足夠，大致上都不太會有病蟲害的發生，但還是建議進行微量的防治性施藥方式，即是於春季開始時，以稀釋較大倍數的前述藥劑來作為防治性管理，如果農藥施灑過量，對環境與種樹者都是損害，畢竟一個愛樹人每天在置場裡總有好幾次來回，因此強烈建議以建構適合的置場爲最佳情況。

1&2&3 葉震病後期樣貌。

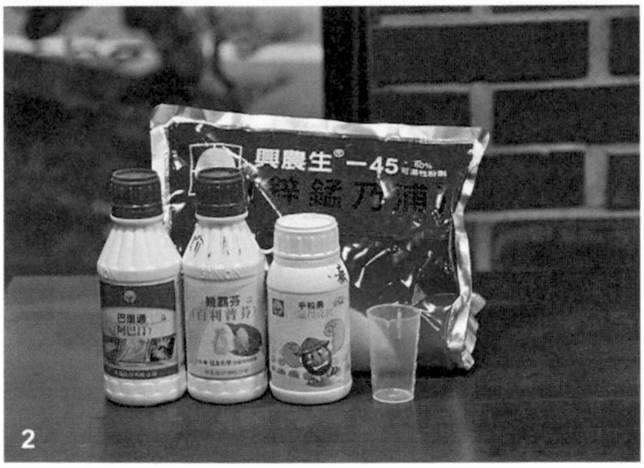

1&2 市售常見之殺菌及蟲害防治用藥品牌。照片僅供參考，實際使用方式請務必參照農藥行專業人員建議，小心使用。

高壓

在品種或素材繁殖的取得方式上，除了種子（播種實生），再來就是枝條扦插及枝條壓條等方式，而臺灣五葉松的繁殖方式大致上只有種子實生與枝條壓條二種，又因大多數的種子實生只能形成單幹樹形，如欲取得有連根的兩棵或多幹連結素材，基本上只能依賴枝條壓條方式來取得。

枝條壓條方式有二種，一是以枝條下壓至泥土層裡做壓枝繁殖，二是以高空枝條包紮泥苔介質的取枝方式，後者我們簡稱爲高壓法。臺灣五葉松爲向陽性的強勢物種，由於第一種枝條壓條方式其下壓枝條所需之陽光易被上方枝棚遮蓋，再者能夠操作之選擇爲接近地面老化程度較高的側枝，成功率也不高，因此此方式較不適合，筆者建議使用第二種方式進行壓條繁殖。

每年夏末是五葉松樹勢最爲旺盛強勁的季節，也是樹液在樹身內流動最爲活躍的時候。春季因新生春芽之故，樹勢尚未完全穩定，所以選擇春生芽完成後的夏季（八～九月）做高壓取枝最爲恰當。而在親樹選擇上，應當挑選樹態強健，葉性短直肥厚，枝條位處樹冠較外圍向陽者。

高壓法是以在枝條上會產生不定根性樹種施行剝皮或束壓緊縛的方式來阻止樹液流通，以促進細胞分裂再增生，然後於新生根系飽足取下後，繁殖成與母（親）樹同一性質之單一樹體的方法。

在平滑無傷的部位（若凹凸不平或樹皮有受過損傷，樹皮結痂會導致環狀剝皮後不易發根），以枝幹口

1 進行高壓前選擇葉性較短直豐厚的枝條來作為高壓枝條的對象。

徑的1～1.5倍，用環狀剝皮方式劃開樹皮並且把樹皮完全剝除（需剝除至木質部位）。接著以發根劑均勻塗抹環狀剝皮處，待略爲乾燥後，用預拌好的泥苔混合介質（註1）以高壓枝條直徑的三～五倍，包紮成一團球狀，最後用質地較厚的塑膠紙包裹，再牢固地將泥苔土團確實紮捆緊實，日後只要注意泥苔土團裡的狀態是否溼潤即可。

樹勢強健者，約一個月後即有根系竄出，約三～六個月後就可以將高壓枝條取下。植株或高壓枝條較不強勢者，也會於一～二年間開始發根。如欲檢查塑膠紙內有無根系，除了直接以肉

註1：泥苔混合介質做法為將消毒乾淨的水苔與細顆粒赤玉土以3：1比例混合，再以水浸潤即可。

2 以水苔2赤玉土1的比例做混合。左圖右下角為較厚質之塑膠紙，可於戶外曝晒半年一載依然不會破損。

3 選擇親樹上較頂部外圍向陽的枝條，可提高高壓動作的成功率。

眼觀察外，也可觀察高壓枝條葉色，當由黃轉青時，根系會在泥苔團蔓延，若不以時間推算來切離親樹，也可用外觀來判斷切離之適當時機。

如遇口徑較大的高壓枝條（約4㎝以上），因粗枝幹的高壓枝環狀剝皮後發根緩慢，有另一個方式值得一試。此方式為在預定高壓的部位，以1～2㎜鐵絲或銅線捲繞2～3圈，再以鉗子將其縛緊至陷入樹皮內，其用意是阻止樹液的上下流通，此法可待金屬線上方樹皮腫大後（約需一～二年）再以刀刃切除腫大部位靠近銅線處之樹皮，後續包紮上泥苔介質等步驟同前所述。

4 以枝條直徑的 1 ～ 1.5 倍長度，將樹皮刨切去除。請注意刀刃橫切時樹皮的平整度。

5 以介質填密後（介質內可摻入些許開根素或發根劑，提高高壓成功率），再以膠帶將其捆紮完成。

6 高壓作業前可先以金屬線捆紮兩圈，待其捆紮上方處腫大後再行高壓，如此也可提高成功率。

7 金屬線捆紮三個月，半年後則會有此腫大之頭緒。

8 腫大後之頭緒更利於高壓作業樹皮之剝除。

九月管理

金屬線的整姿及剪定

秋末冬初的五葉松是樹勢最爲穩定的季節，也是臺灣五葉松生長週期較爲緩慢的時節，直至冬末轉春之際樹勢才開始慢慢轉爲活躍。因此，適宜臺灣五葉松整姿纏線的作業時間幾乎可長達半年。

進行五葉松整姿作業時，需特別注意以下幾點準備動作：

一、纏線整姿前約二個星期需將老葉先行剪除，而葉基也會在剪除老葉後的第十～十四天左右全數凋萎。剪除老葉的目的在於纏金屬線時，能有效地把線端纏到枝條的最末端。

二、五葉松在整姿前須先讓其盆土略爲乾燥，這樣才能避免整姿時因樹身的含水量過高而造成枝條較脆，易導致調整矯姿時枝條斷裂。限水後的樹身會有較爲柔軟的枝條，進行整姿作業時較方便順手。

三、根據多年操作經驗，筆者作業守則如下：

㈠如遇樹身搖晃，須先固定好植栽再進行整姿。

㈡幹身由根基往上纏線矯姿。

㈢由枝棚內側開始往外纏線，而金屬的線徑也是由適合內側粗枝條的粗線開始往外轉纏成適宜細枝條的細線。

㈣枝棚由最底下一枝往上纏線施作。

㈤纏完線整姿後再剪除不要枝。

對於五葉松或其他盆栽使用金屬線來整姿，盆栽界裡的評價有功有過，站在筆者觀點，運用其他方式矯姿一樣也能成型（註1），而以金屬線來整姿除了能有效控制樹形外，同時也能在短時間內讓五葉松或其他盆栽達到預定的樹形。金屬線除了廣爲流通的鋁合金線外，還有粗細不同的矯姿銅線，如何選擇端視使用者習慣而定，但筆者會比較建議依照五葉松樹形的成品度來作爲分

1 纏線前須先將去年老葉悉數剪除，以利纏線作業進行。

際，例如已臻成品的盆植五葉松可以使用銅線，因銅線纏在枝端後不會因爲日晒雨淋而褪色，且會因爲氧化之後產生更深的赭色和深色的鐵鏽色，視覺上融入五葉松蒼勁枝椏，美觀和諧無礙；而半成品的五葉松樹身因尚在成長階段，故建議使用價格較爲便宜的電鍍古銅色鋁線即可（鋁線特性柔軟，在整姿作業時較好操作，且鋁線固定在樹身枝椏間，約半年左右即須剪除，因其價格相對低廉，故剪除也較不心疼）。

以上是筆者創作多年所整理出較快速的方式，其實只要破除美觀的魔咒，用何種金屬線整姿並無特別的規範，端視個人需求而定。

註1：有人會使用剪刀以修剪方式，經年累月慢慢引導樹形至所需的位置；也有人使用繩索，以曳引的方式將枝條拉伸到理想位置。

2 金屬纏線以粗線開始，由內部往外纏，而粗線須視枝條粗細適時換成細線，切勿以一條粗線從頭到尾纏到枝末。

3 以 3.5mm、2.5mm、2.0mm、1.5mm 鋁線，由粗而細所纏繞出的枝棚。

4 金屬線與枝條以約 30 度角往外纏繞。

5 整個枝棚纏繞金屬線後之樣貌。

6 整姿完成後，再稍微調整葉團朝向陽角度。

8 金屬線纏到葉朵尾端時，再繞成一圈，此舉可以有效控制葉團針葉的方向性，來年枝尾再往外生長時，此狀線可以解開，再度往外延伸纏繞。

7 遇有斷代換枝處時，金屬線須纏繞涵蓋而過，此法可避免換枝處因矯姿時產生斷裂現象。

1

3

2

市面上容易購得的金屬線。（右側為低溫烤過的銅製金屬線，左方為電鍍處理過的鋁製金屬線）

1&2 銅線附著於枝條上經過數年的氧化後，顏色變化與五葉松／黑松枝條產生類似的色澤。

秋季的水分管理

秋季的管理算是五葉松盆栽愛好者一門必修的功課，此季節冷熱的轉換需要特別細心管理，尤其水分管理非常重要，常因氣溫看似逐漸涼爽而忽略，造成植株無預警傷亡。秋季開始，白天日照時間雖慢慢縮短，但這縮短的日照卻沒有讓白天的溫度變得較低，反而是更加炙熱（秋老虎的威力不容小覷）。這炙熱不僅讓盆樹葉面的水分蒸散快速，過熱的氣候更是讓盆裡土壤溫度升高的殺手（盆土溫度可達40～50度），所以午後三～五點提供降溫用的及時水是必要的，而這水溫必須接近戶外常溫，才不會因溫差造成植株傷害。如遇當日有著徐徐微風，那午後的第二次澆水更是極爲必要，因爲風吹帶走水分的速度會更快。

當原生環境有山嵐雲霧的五葉松種植在都會區時（種植其他盆栽也會面臨相同問題），常常會遇到置場潮溼度不夠的窘境，而這情況卻不是每一個盆栽人都能以午後補充第二次水分來解決，所以對於時間上無法進行二次澆水的人，建議採取另一個解決之道來對抗酷熱的午後，即是在盆栽上方架設一個防晒30～50％的遮陽網，如此即可有效改善午前一點至午後二點高溫炙熱陽光所導致的盆土及葉面水分散失。建議可於夏季的六月施作遮陽黑網，待進入十一月後視氣候將其卸除，以讓植栽享受冬陽的溫暖。

秋季時，水分的給予在臺灣都會區確實是一門大課題。

十月管理

多葉量的剪定

半成品培養中的五葉松素材，在養枝過程常有大量蓄枝後，再做幾次的篩選剪枝過程，而這剪定的時間大約是在秋、冬兩季葉芽發展成熟時進行，被剪定的對象大致可分爲：

一、春、夏兩季新芽長出後，葉群頂芽所產生的車輪枝。

二、長勢同樣方向的多餘枝（同一處分枝長出兩枝以上，第三枝開始都可以稱爲多餘枝）。

三、枝棚間位置怪異的上下徒長枝。

四、生長快速致使過於肥大的粗枝等等。在每次的剪定施作，需注意欲裁剪的葉量與該樹整體葉量的比例、剪定過後水分的供給以及全日照。

這種大葉量的剪定，在每一棵創作中的五葉松身上大致都會施作數次，然而這剪定動作不能每年重複施行，在有效率的控制給水及適量施肥（剪定後一個月再施予薄肥）下，可以間歇性的隔年實施，如此有計畫性的造枝剪定作業，可有效地把每個代枝蓄留於每個枝條間最恰當的位置。

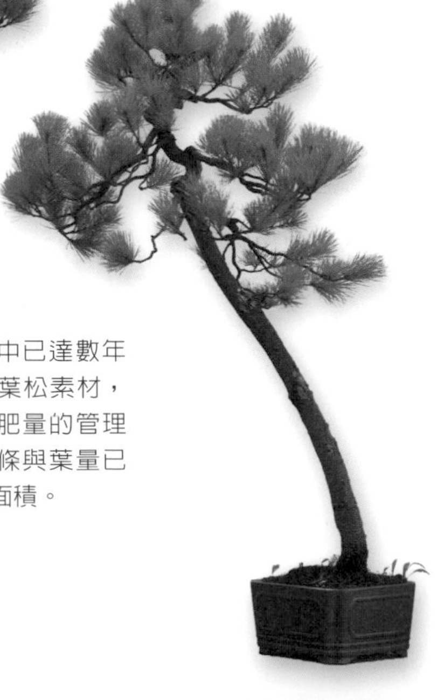

養於較小盆器中已達數年的文人樹形五葉松素材，在止常水分與肥量的管理下，過長的枝條與葉量已布滿整樹的葉面積。

圖為剪定前後對照。將每一過長的枝條留下約五～七目松葉芽，其餘剪除即可。

面對整個枝棚的多葉量，如在剪定之前已經過穩定的管理，依然可以一次去除大量的葉面積。

剪定後，原有蓄留之枝條清晰可見，唯於大葉量剪定後的水分管理極為重要。

接近葉面積天枝處的枝棚，在有頂芽優勢的情況下，更必須做徹底的剪定動作。

軸切的改植

當我們從一～二月分開始爲五葉松播種之後，自發芽後漸漸成長到三月初即可開始爲它們進行軸切後的改植，或是連根拔起整理根系後再換植等步驟。而這兩種步驟不管是臺灣五葉松小品或是大品尺寸，皆可在樹木養成後成就一定程度的根系及頭緒，尤其是對迷你尺寸的露根造型更有立竿見影成效。

播種後自萌芽開始我們會從小松苗身上看見於種子內所冒出的子葉，輪狀子葉展開後約兩週會再從子葉軸心冒出胎葉芽，最後再從胎葉葉腋中冒出腋芽而發展成爲一束五針的成葉。欲做軸切或切根重新改植是什麼時間點最爲恰當呢？以臺灣五葉松而言，在子葉展開放射形輪軸狀的中心處會有一芽點，這一芽點會停頓生長約兩週左右再繼續生長，此停頓期作爲改植期或進行軸切最爲恰當，如果能在胎葉芽開始萌發前施行改植動作，存活成功率則可以提升至最高。

葉形的辨別 — 子葉。

葉形的辨別 — 胎葉。

葉形的辨別 — 從胎葉葉腋成長出的成葉。（一束五針）

而切根後重新植入新介質也是要掌握和軸切同樣的時間點，不同的是需把軸切步驟改成是在4～5條細根中留下2～3條旁根，其餘主根就此切除，最後再植入培養盆中即可。

筆者曾做過實驗，以大約450顆（約一臺兩重）新鮮五葉松種子作孵芽播種，於種子萌芽後開始播植於陽明山土壤介質苗盤中，當苗盤的松苗子葉展開等待萌發胎葉之際，開始爲它們進行軸切動作。在子葉基部往下約1.5～2㎝處以利刃橫切，再以稀釋的生長開根劑浸泡三十分鐘後，植入新的介質盆缽中即大功告成。但切記勿直接將松苗莖插入介質中，應以竹籤尖物先在介質中插一小孔再植入。唯每株小苗的生長進度不同，四百多棵小苗最後以將近兩週的時間，分段進行十幾次才完成整個改植步驟，因改植時間點掌握得當，只有損失6棵。

軸切或是切根改植這步驟對於整個五葉松栽培過程其實是有那麼一點繁文縟節，但一棵好的五葉松素材不能依靠運氣來成就，應該要從萌芽開始即儘量面面俱到，而這兩個步驟除了有興趣的愛好者自己施行以外，量產化的生產者如果也不偷懶，那根盤佳且有著強而有力的八方根素材在市面上一定能常常尋見。

軸切
從子葉葉基處往下約1.5cm ～ 2cm 以利刃進行切斷。

可在扦插以前沾取植物生長激素或發根粉，以提高存活率。

秋季的換盆改植

經年與素材培養場及山上的五葉松採集業者討論，他們認爲無論是五葉松盆樹或是群山萬壑處的五葉松，冬、春之際（約每年一月～三月）是最佳換盆改植的時間點。在這之前，筆者也一直以爲五葉松的換盆適期是在春季，但卻經常看見素材培養業者們不僅在春季換盆改植，就連秋季中秋節前後也是忙著進行改植動作（由育苗用的小盆子換上大一號的培養盆），不僅如此，連經常上山挖掘的野外採集業者，也會選擇當年春、夏雨水較多的秋季將五葉松從山上移植下山。

一開始筆者覺得上述行徑有些冒險，但觀察幾年後發現其成功率也頗高，值得注意的是他們所進行改植的五葉松都是相對比較幼齡或十年以下的苗木，因此筆者這幾年也開始在秋季進行移植動作，只不過移植對象都維持在仍是苗木階段的五葉松。

而秋季的移植工作基本上和春季的步驟並無不同，需特別注意的是土團根群留的量要比春季移植時來的大些，以及植栽與盆器間的固定工作必須更爲牢固。畢竟在改植完成後到春季冒芽之前，該五葉松植栽必須忍受整個冬季的強勁東北季風，而完成秋季移植工作後，能把植栽移往避風處是較爲妥善的方法。此外，秋、冬季的水分管理上須特別注意愼防缺水。

面對接下來強勁的東北季風，換盆後植栽的固定工作馬虎不得。

施肥

施肥一般可分爲基礎施肥與追加施肥兩部分。不同創作階段的盆栽，給予不同分量的肥分，而分量不同就會造成不同效果，在此略分爲初苗階段、培養造枝階段以及成品樹階段來討論。

基肥在五葉松此三階段的生長都扮演著不可或缺的角色，因此時春生芽發展已然成熟，葉鞘也大致掉落完成，等於是當年度春生芽生長已告一段落，可見針葉以站立之姿，欣欣向榮的高掛於各枝尾間，接下來不論是半成品或成品樹，都將進入整姿纏線及樹形剪定的季

圖中最右邊盛器中的肥料為鉀含量較高之進口肥料；中間為市售能購得之小包裝肥料，最左側為各式盛裝肥料的塑膠盒器。

可用釘子將肥料包固定於盆面上，以避免澆水時過強水柱將小顆粒肥料沖出盆外。

節。趁著月初尚未進行所有剪定整姿動作前，可先行為五葉松施予定量的固肥，其肥分只要比平常的肥量多一倍即可。

有機固肥建議容量：小品／一茶匙；中品／兩茶匙；大品／三茶匙。

而臺灣五葉松在十一月分較屬於追肥性質，所以十月～十一月分的施肥量會牽涉到隔年春季針葉的長短及葉色光澤。時間點如果掌握恰當，甚至可在隔年春季造就第二次的枝椏。由於五葉松的體液松脂在樹體身上流動較不如雜木類般快速，所以較不建議以化學液肥澆灌（因揮發速度快，易造成根部肥傷，出現腐根現象），而是以釋放速度較慢之有機固肥施行較為恰當。

一、初苗階段

十一月分是接近休眠期，所以較不適合大量施肥。尤其是經過軸切或是切根改植過的初苗更不建議施予過多肥料。初苗階段的五葉松可使用輕量的固肥稍微搗碎後以灑播方式遍灑盆面，施灑後再以灑水器於初苗上方澆灌一次，以避免肥料落在子葉或胎葉上，經陽光直接照射後造成灼傷。

二、培養造枝階段

十一月分的施肥在五葉松造枝階段中算是一個重點。假如前年樹勢旺盛又於初春之際已略施和其他松樹大小等量的固肥（註1），到了十一月分就必須把握追肥時機，繼續以前次的肥量再施行一次。唯此次的施肥以單點、定點式的施給方式固定於盆面上方，以避免過量施肥的肥傷，若有機肥是屬於粉末狀，建議以藥布袋或網袋先行包裝好後再定置於盆面即可。

註1：分量：五葉松植栽頭緒直徑約6～8cm，高度約60～80cm，給予約4公分立方（約一湯匙）大小的固肥。

1

2

1&2 數種造型與材質的肥料容器盒中，也有可長期抵抗日晒風吹之氧化，且重複使用仍保有原來塑膠特性之選擇。

三、成品樹階段

成品階段的老松大部分都植於體積較小的成品盆中，由於盆器不大，介質的體積也跟著變少，肥分的管理更需要特別注意。成品樹大都屬於老松，所以新芽的展成和前兩者（苗木及培養木）相較都會比較慢一些（約慢二十天左右），在肥料的給予上建議採保守方式，即是極少量給予施肥即可。此法能有效控制成品樹的葉子長或短，待其春芽新葉成長完成之際，再採單點、定點式給予多量的肥分來增強樹勢，如此將能有效控制不讓成品樹萌發秋芽。

除此之外，坊間有業者常常提及臺灣五葉松有形成短葉法的訣竅，據筆者觀察，其實只要在成品五葉松階段，逐年控制水分與肥料的給予，並妥善管理介質的用法及用量，那麼短葉群簇而成的葉面積指日可待。

市售較大型之肥料盛裝盒，較常使用於肥培中之素材。此類托高之盒器可慢慢地釋放肥分，避免肥分過於快速釋出傷及根系造成肥傷。

舍利幹與舍利神枝的整理

在五葉松盆栽樹身上，我們常會看到一些乾涸的樹幹、樹皮或枝條，這些枝條或樹身樹皮的乾涸有時是我們人工造成的，有時是五葉松本身因季節的替換淘汰或秋陽過烈，致使樹皮受不了過高的烈日高溫而使得部分樹皮自身乾枯。如果這些乾枯樹皮或枝條在盆樹上未獲妥善保養，不僅不能共同常存於盆樹身上，更可能會因長蟲或滋生苔蘚而使得整棵松樹提早腐敗殆盡。

十二月分的五葉松生長大致上已達一整年週期的最後階段，且樹身體液的流動也不較其他季節活躍，選擇此時爲舍利身及神枝作保養維護是很恰當的季節。（因進行舍利神枝保養時，容易刮破樹皮使松脂流出造成樹

勢下降）

舍利神枝的保養工具有斜向圓口切、圓口切、水彩筆大小各一（毛筆亦可）、雕刻刀、銅刷、鬃刷、粗細砂紙各一，以及石灰硫礦合劑。

斜飄成品

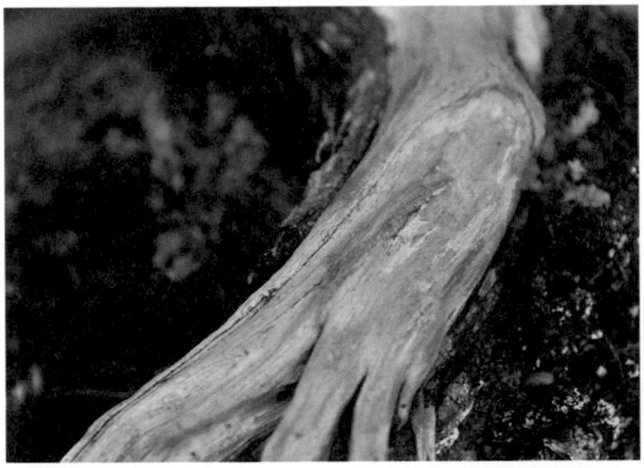

舍利根

因拉力根過長，所以在盆植時順勢以人工方式，將此拉力根創作成延伸至盆外的舍利根。

舍利幹

因創作初期強剪過度致使修剪枝條較多，且向陽的樹身上方快速乾枯。

舍利神枝

創作矮化時將往上過高過長的主幹截短而產生的人工舍利神枝。

清潔作業

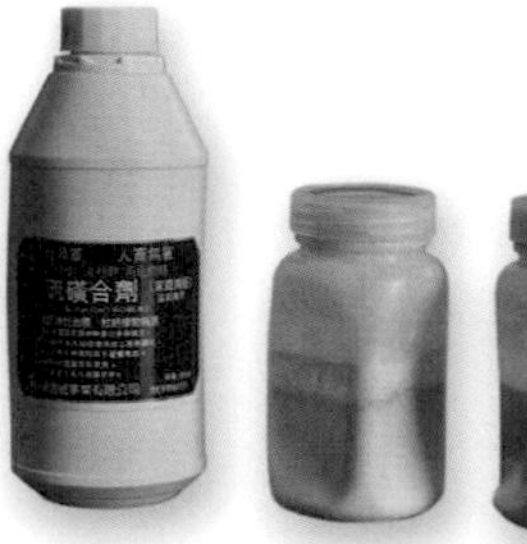

各品牌之石灰硫磺合劑

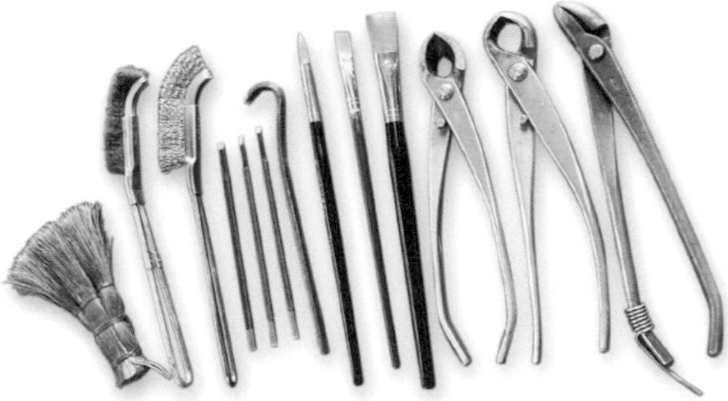

所需工具

1 在舍利幹極度乾枯的情況下，先用銅刷將之前殘留的石灰硫磺合劑及樹身日晒雨淋氧化後的粉末徹底清除乾淨，最後再以鬃刷做二次刷除確保完全乾淨。

2 刷除時刷毛盡量順著木紋肌理方向刷塗。

3 金屬刷子刷塗後再以細鬃毛刷擦拭乾淨。

4 清潔完成之樣貌。

上石灰硫磺合劑

1 將石灰硫磺合劑搖勻後，以水彩筆或毛筆均勻塗刷數次，直至灰白色澤鮮明即可。

2 以較大之水彩平塗筆塗刷較大面積處。

3 正常塗布至少需二至三次才會有明顯的灰白色產生，注意每次塗布前需等前一次合劑風乾後才能繼續進行下一次的塗布。

4 以尾端較細小的筆來塗刷細部。

FINISH
全株塗布完成

神枝舍利塗布
完成之樣貌。

塗布完整

一般常見塗布不完整的情形，大多是塗筆在塗布時不慎沾染到不應塗布的樹皮部分。塗布若是完整，整棵樹將層次分明，如過度沾染到樹皮，則不只層次無法跳脫出來，連該樹原本要呈現的精神奕奕也不復存在，故需非常小心。

五葉松素材的大幅度整姿

五葉松進入嚴冬時由於樹身汁液養分的流暢速度已趨緩，所以在整姿時大量的裁切枝條及大幅度的矯枝是被允許的。以圖片中三分品相素材爲例，此素材是當年三月初由田培階段轉植於此培養箱中。當時於移植之際，筆者使用支點力度佳的木條以三點固定方式固定於培養箱中，由於素材固定得當，因此可爲該素材進行整姿。

這個月分的剪定整姿內容，先將較大枝條的不要枝去除，而依附於枝末間的去年老葉也一併剪除。於纏線矯姿前，先進行樹身斷水（刻意不澆水）兩天，使其在矯姿時較不易因大幅調整角度而產生枝條的斷裂，接著可將欲纏於樹身的鋁線，先纏上有保護作用的紗布再行纏繞，此法可有效防止枝條捻扭角度較大時，過早產生鋁線壓痕。以此素材爲例，爲避免因整姿時減去過多葉面積，所以先保留樹身最上方因更換天枝而保留的三處犧牲枝，而以此次爲整姿重點的下半段葉群作爲修剪。整姿作業完成後，於三～五個月後將鋁線盡數剪除。

十二月管理

秋冬季的管理概要

首先，當五葉松新芽由春季的初成長到夏季的旺勢，再轉入秋天，此時枝棚葉群本身會比其他季節來的相對濃密，爲了枝棚內部的通風以及平均的日照光線，在秋季時我們得開始進行枝棚內部疏枝作業，而這作業可避免枝條葉群過於濃密所產生的病蟲害。

第二，十一月分幾乎是多數盆栽植物一整年度生長的最末期，跨過十一月便進入休息狀態，尤其是針葉類的五葉松。在此時節，一年中的春生芽、葉量飽滿，老葉（去年葉）的自然脫落，乃至於盆土內松根菌也開始成長。枝棚內的新枝與葉群都已停下腳步準備過冬，但葉群枝條下的樹幹正準備讓自己更粗壯的努力生長，所以在肥料的給予上，盡量減少氮肥而增加磷及鉀肥，如此將更適合此季節的五葉松生長節奏。

第三，由於樹身及靠近幹身的大枝條會在這一季節明顯成長粗大，因此若樹身上有矯姿的鋁線固定者建議先予以拆除，讓枝幹在生長過程中避免纏線時日過久造成樹身上的鋁線壓痕。雖樹身上不建議留有鋁線，但秋季時節是將枝條各部分做纏線整姿的最佳時機點，因此

冬季戶外置場有低溫冷風吹襲，建議以早晨有冬陽微暖之時進行澆水作業。

須格外留心進入冬季前拆除鋁線的時間點拿捏，樹身及靠近樹身枝條的鋁線應先拆除，其餘小枝條上之鋁線可半年後再視情況拆除。

第四，如果手邊有計畫在來年春季準備換盆改植的盆樹，此時可略施薄肥，將樹勢養旺，以利改植。所需的盆器與泥土介質準備也適於此時思考底定。

第五，因時值冬季，日照長度漸漸縮短，原本防範夏、秋季因正午日照過烈而做的遮蔭黑網此時也可移除，以迎接冬季每日的珍貴暖暖午陽。

第六，臺灣冬季氣候大致低於夏、秋季10度以上，病蟲害的發生及蔓延也會因溫度而降低趨緩。這時日常的噴藥動作可以少於春、夏季使用的劑量。進入元月初前，建議可使用石灰硫磺合劑，以100～150倍稀釋後噴灑於葉面枝幹間。（可用報紙先將盆面覆蓋起來，待噴灑完成後再將報紙移出，如此可避免過多的鹼性藥性落於盆土中），石灰硫磺劑能有效抑制五葉松的鏽病、灰黴病及蟲害的附著，此舉可作為五葉松入冬後初春前有效率的殺菌作業。

第七，給水方面可以少於夏、秋季。在較無季風的冬季中，甚至可以隔日澆水一次（迷你尺寸或豆盆除外）。如遇低溫特報，則建議於每日早晨給水，以避免其他闊葉性植物葉面凍傷。

第八，五葉松在冬季也適合纏線矯姿，但並不適合大葉量的枝葉剪定，因過度的剪定會造成來年春芽來不及分化而影響隔年芽量及葉量的生長。

秋、冬之際將整樹的老葉去除之後，即開始為其進行纏繞矯姿。

豐腴並帶有金黃色的葉棚在整姿剪定之後，更顯蒼勁。

在乾燥季風強勢的吹襲之下，稍有管理不慎，便會有枯枝乾葉的可能。

中品素材的剪定整姿

COLUMN

這棵松約是二〇〇九年，學員從草葉集盆栽教室帶回的一棵教學素材。當時這棵松剛好換植於此變形的淺圓盆中，由於學員攜回後未再繼續琢磨於盆栽藝術，致使此松之樹格在這十年來未有進展，但巧妙的是它在學員居所頂樓任其生長，樹形卻未走樣太多，甚至枝棚間的枝椏也充實了不少。淺圓盆大開口的寬敞空間，或許是讓換盆改植時的根系確實將植栽牢牢拉住，未有片面根群將樹身抬翹於某一側，而時間灌注於樹身肌理的荒老，讓此松加分許多。

由於十年放任其生長的管理，讓葉群膨脹了不少，過大的葉面積已讓不是很粗大的樹身頭緒失去平衡感。從左傾樹身右側生長而出的兩處受枝，已有明顯過大的視覺呈現，也因兩處受枝過大，將底下左側大跳枝所需的陽光些許遮擋掉。陽光不充足的因素，讓這大跳枝的內側枝椏日漸短少。由此可知，在每一枝棚間的枝條分布，總有一些是缺乏合理性的互生枝樣貌，或有代枝間的門閂枝產生，趁此次枝條充足、葉群濃密的機會，逐一去除整理。

將枝棚全數留下，所有枝條尾端盡量往內剪定。剪定後運用鋁金屬線調整枝條（盡量下壓），使其呈現老樹之相貌。最下枝不切除或不縮短，維持該枝條的跳躍感，保留整體樹形的律動感。

構想圖（一）

將所有枝棚纏繞整姿下壓，使其具古木感，接著將下方跳枝去除左側的三分之一，以凸顯整體樹身左傾，此舉會使整體樹相輕盈許多。

構想圖（二）

將左下大跳枝整枝切除，整體更顯輕盈簡潔，古木感更為豐富。唯左側跳枝去除後的切口，會使該處樹身有變形之貌。

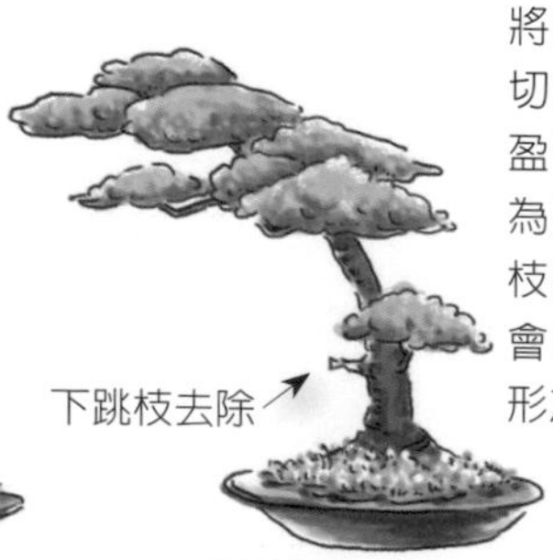

構想圖（三）

4 使用粗細得宜的鋁金屬線，將樹身頭緒以三線六端，往六個角落固定。此方式不僅能將樹身牢牢穩固於初換盆器中，讓新生根系快速成長，更能讓此斜開口形的盆器不會因久植而使樹身盆土被每年的新生根抬起，造成樹身傾斜。

5 雖整樹已呈老態，但仍有較為向陽的幾處長出徒長枝。此次整姿作業，徒長枝也是剪定對象之一。

6 因以稍貧脊的管理方式，樹皮已開始進入荒皮階段。原剪除車輪枝所留下略為腫大變形的樹身傷口，因時間推移，枝條乾枯及樹皮脫落後形成的舍利枝，讓傷口由缺點轉變為略微加分的優點。

◆剪定整姿

1 整姿前的正面。過於飽實的枝棚及葉面積可清楚看出與樹幹直徑大小比例懸殊。（樹身高度 58cm）

2 整姿前的背面。除了最底部枝條呈下探外，其餘枝條皆因久未整姿維護而產生微幅上揚。

3 雖此松已於該盆久植十年有餘，然因盆植時有使用鋁線將五葉松植栽固定於盆底，所以即便每年新生根系來回圈繞生長，盆土及植栽都未有被抬升而起的現象。

7 由於位於整樹底下，日照較為不足之故，其內部的側枝皆已日漸枯萎，也因未曾捨枝整理，所以枝條各個代枝位置及節間長度不甚理想。此次整姿作業，除了將多餘枝條去除，也順勢將各處枝勢調整至最適當位置。

8 底下的大跳枝走勢雖呈水平狀，但因有其餘的代枝可再分成三個小枝棚葉團，並能再將三個小葉團分成略有高低差的樣貌來增加此樹的立體感及律動感。

雖只是從樹身探頭而出的枝條，經刻意調整，呈帶有微風吹彿的靈動姿態。

枝條完成纏繞後，盡量將枝棚調整成由底下往上內凹的型態，藉此來增加整體的立體感及古木相。

整姿完成後的俯視角度。此樹雖呈傾左之流向，但整姿時仍須環顧各個枝條聚攏後枝尾枝末是否皆呈放射狀，這在立面觀賞整體的協調及一致性是否平衡時，是必須具備的元素之一。

由於原有枝條已呈飽和密實狀態，在整姿纏繞時，即能兼顧枝棚間每個方向變化，使生動的立體感呼之欲出。

整姿後的樹身背面。除了擁有律動感十足的下跳枝，多數枝條調整至水平角度以下，以仿效大自然中松樹枝棚因經年累月受風雨吹襲，擔負霜雪重壓而產生的下探姿形。

整姿完成之樣貌。樹身枝棚輕盈許多，不只讓整樹神采奕奕，更增添不少層次感及古木相。先行保留的左側大跳枝，雖枝頭處有早期切除多餘枝所留下的傷口，但乾涸後自然形成神舍利枝，因而毫無失分。（整姿後樹身高度52cm）

Part 3

應用篇

五葉松盆栽——從零開始創作

如何開始創作一盆五葉松盆栽呢？可依循下面七個步驟：

一、勾勒出樹形構想圖。可參考書籍上的照片，也可手繪出理想的樹態。

二、準備種子，進行播種，開始素材的培養。

三、修出高低不一的樹形，建立層次感。

四、微幅的整姿。

五、運用金屬線來表現出枝條間的表情互動。

六、尋覓適當的盆器與其搭配。

七、換植後鋪上青苔。

以新手角度而言，想創作一盆易上手又有型的迷你五葉松盆栽，建議不妨從種子苗開始。這主角中的五葉松盆栽雖然只是迷你尺寸，或只是樹齡短短十來年的迷你盆栽，但它卻可豐富的表達出創作前後上、中、下層次演繹出的立體感以及親子樹葉群的對望互動，若是叢生樹幹數量夠多的話，更可以表現出森林蓊鬱之意境。

1. 樹形勾勒構想圖

大小及高低不一的植株製造出帶有山間林樹的氣氛。

運用幾株略有流向的樹形合植，表現山崖、斜坡的林相之美。

2. 進行播種，培養素材

將松樹種子泡水後，直接播入小型素燒盆內（播種方式可參考一月分種子實生篇）。小型盆栽的種子數量約 5 ～ 10 顆不等。播種發芽生長後建議盡量不予施肥，或只施予少量肥分。種子苗生長二～三年後可開始進行整姿，調整彎曲度建立初步型態。苗木素材的培養只要掌握在二～三年內不任其過度生長，那麼植株即會有短實的節間，為群株演繹出低矮迷你的葉群。

3. 修出高低不一的樹形，建立層次感

盆中苗木在成長二～三年後，若未以人工修剪方式讓其產生高低差，那麼大致上每株都會以同等高度向上生長，待四～五年後才會產生自然的高低差，然而這四～五年間長成的高度已超過我們想要創作成迷你素材及樹身直徑的範疇了。因此，松苗在第二年或第三年成長至適當高度時，即須適時修剪控制才能形塑出迷你盆栽的樣貌。

4. 微幅整姿

當群株生長至理想高度時，即可以鋁線為其調整出我們想要的流向及植株距離。纏線調整後的管理需注意避免纏線的時間過久，以防止日後鋁線在樹皮上產生鋁線壓痕。

5. 運用金屬線表現枝條間的表情互動

微幅整姿經過約半年的時間後，即可為植株上半段做更細部的調整，此次的整姿重點在於使各植株最頂端的天枝彼此對望，產生互動的氛圍。

6. 尋覓適當的盆器與其搭配

由於一開始的構圖是希望將合植的松樹種植於淺盆中，藉以表現出海平面上荒島群松或雲海環繞山巔之意境，所以選擇較淺的盆缽來代表開闊無垠的平靜水面；也可用半月形的陶製彎月馬鞍盆，來呼應深山溪壑的群山斜坡之感，創造出不同的畫面。不同的盆器與不同流向造型的松株造就意境迥異的畫面，所以在開始構想成品時，盆器也是需要一併考量的重要角色。

7. 換植後鋪上青苔

將植株小心地種上盆器之後，再輕輕地鋪植上青苔，宛若原始森林之樣貌油然而生。青苔植被建議選擇多樣多色的品種來種植，如蕨類中的捲葉柏或其他攀爬性的苔蘚，更能豐富盆面植被營造多層次的視覺感受。

創作實例

宛若舞者

此露根素材約於二〇〇三年在臺中和平松鶴部落，由當時一位業餘愛好家所培養的一批素材中挑選而出。當時露根創作價值較高的素材鮮少出現於市面上，且露根培養之技術尚未成熟，因此當筆者見此露根素材有別於傳統多根直立以表現根藝形態且流向又如此明顯，歡欣之情無可言喻。

2003 年
對此素材可發揮的空間抱有深切期待。由於裸露的根群成束且扭轉在一起，在創作時可以很方便的改變其種植俯仰角度。

2008 年
購回的第三年，已從培養用的塑膠盆改植於高身的素燒盆中，且回拉許多由根系轉成樹幹的角度，並於枝棚開始充足時進行第一次鋁線整姿。

2010 年
於樹勢更為穩定時將樹身水平再度往下拉曳些許，而左側生命力十足的拉力根也慢慢地顯現。利用這次整姿，仔細觀察並思考日後葉群葉面積左右對稱及不等邊三角形的排列位置。

2010 年
於整姿完成後將固定用的三角架拆除。觀察後發現枝棚型態呈現過於生硬的直線枝條，與樹身以根代幹呈現出的曲線、圓弧線條無法達到視覺平衡，需再做調整。

2012 年
換上一只高身柴燒南蠻圓盆。在換盆前也將葉群左下側枝切除，此切除動作可讓懸崖松樹的葉面積與其無大口徑樹身之間構成較佳的視覺平衡。

2015 年
此時松樹葉子已接近短直。以青苔鋪置盆面後，此樹便進入了成品階段。將此松靜置於室內側光充足處，樹身流瀉出的自然下探線條油然而生。

2017 年
於年中將樹身纏繞過久的銅線卸除後，樹身枝條開始慢慢向陽翹起，些微走樣，需再整姿。

為其纏線整姿後的模樣。

以此樹爲例，除了創作過程漸至佳境外，一棵五葉松由素材開始創作至可見其深度並供觀賞的成品，其中創作的時間與歷程雖無一致，但若有良好方式來維護，則可讓成品觀賞時間一再的延長。

纏線整姿後的俯視角。

臨崖樹形範例

看似普通不起眼的三幹同株素材，其三幹方向同流且同時上揚的角度，卻是少之又少的型態素材。三棵松樹的樹幹巧妙地以一上二下等邊三角形排列著，這等腰三角形不論是藉著較有立體感的以一幹作爲背影當作正面，或是走較有層次感的以同一下處跳離幹爲正面，都將是極富樂趣的景致，而筆者最後則是以前者圖形來作爲未來創作之目標。

2000 年
由於當時田培場地曾經被雜草覆蓋過一段時日，以致於樹身內側的側芽側枝全數枯萎殆盡，且圖片中的最下枝過於細長，因此筆者當下決定於年底適合移植時期儘速將這素材挖回改植於培養盆中，以較有效率的方式將枝棚養足，以利於未來的創作。

2005 年
盆植培養後的第五年初進行第一次纏線整姿。在第一次的整姿中，初步將較有立體感的一面暫定為其正面。同時在首次整姿中，將確定不要的枝條一併切除。

2008 年
第二次整姿時將第一次纏線整姿的鋁線卸除，然後再度纏線及整姿。此次整姿更確定將過於左傾的葉面積去除，讓其整個葉量盡量往右，朝樹身處移動，以使整體樹態在視覺上更有安定感。並開始考慮圖片中最下枝（圈起處）的做法，欲培養此細枝條，待其長成較大枝幹，代替原本過於粗大生硬的跳離幹。

2008 年
再度將前次整姿的鋁線卸除，持續進行第三次整姿。此次作業後，樹身呼之欲出的躍動與深具飄逸感的枝條動態搭配得恰到好處，奠定其日後隨風搖曳的風格。

經過多年努力，葉子發展已達到理想葉量，枝棚亦開始出現上下分明的層次感。此樹未來該努力的目標是持續培養最底下的跳離幹，使其能與原有上方主幹及輔幹產生適當比例。而在引導跳離幹樹身線條弧度的同時，應當思考以較無鋁線壓痕的曳引培養方式來蓄養跳離幹的粗細比例。

搭配較為高身的圓盆，已接近成品的葉群使此樹呈現醍醐之味。由於換盆作業過程中發現原先設定的背面比原有正面更具立體深邃感，於是將原有背面改為現有之正面。在這之間已將底下過大的跳離枝中尾段切除，替枝換代的以最前端的一個枝條作為底下跳離幹的尾端，替枝代幹的粗度恰與其他兩幹達到十分協調的比例，而上方主幹左側過長過密的枝條也在此次作業一併剪除。

2017 年
冬季的樹況。前次作業已將底下切除後的跳離幹修整成舍利神枝。葉長雖不是最佳狀態，但光線下葉群枝棚層次分明，而開始斑駁老化的樹身，更散發出歷經歲月沖刷的崖邊滄桑傲骨之姿。

換盆實作示範

1 於山地野嶺間，移植於山下且盆植超過五十年的荒老五葉松。此松於筆者二十年前第一次接觸至今已經易盆換植過四次，此次示範為第五次改植。雖歷經多次易盆，但其根系卻也因多次斷根改植而變得更為穩定。圖中老松樹高約 90cm（未含盆高）。

2 以一根挺直的木條作為標竿，固定於枝椏間，再藉由松樹背景的大樓或建築物垂直邊線作為樹身垂直基準。此舉可在換盆前與換盆後，藉著標竿直線對照背景建築物的垂直線，將樹身垂直角度回復到原本設定的角度。

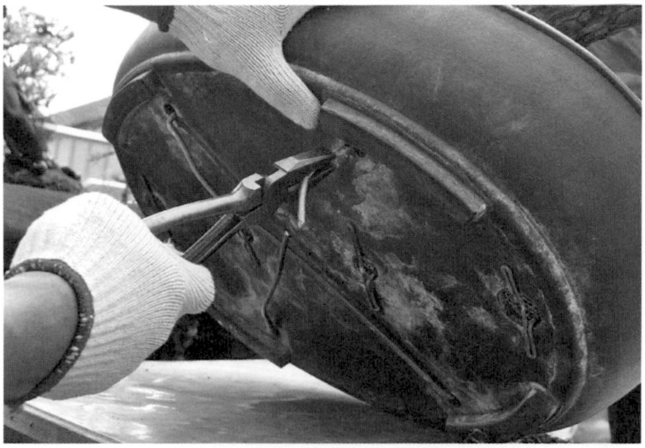

3 首先，將前次換盆時固定植栽的曳引線、防蟲固定網與固定線全數卸除。

4 因原有盆器有倒凹緣，所以必須先利用土耙選擇盆緣長邊的一側，開始將盆土慢慢耙出。（建議使用單爪土耙便於清除作業）

5 將植栽與盆器略微傾斜，以利清土作業。於清除一側後翻轉至另一側，繼續將盆土清出。兩側盆土的清除作業直至植栽與盆器產生鬆動為止。

6 植栽與盆器開始鬆脫後，將植栽土團輕輕拔出，接著將原有盆器倒置平放，再將植栽土團平放於原有盆器上，開始切削土團，進行切除過多細根之動作。

7 開始將根團四周圍舊有泥土清除。此次作業是要將原有較大盆器更換為較小盆器，所以以盆邊開始往樹身頭緒處清除約 5cm 左右。

8 清完泥土後開始剪除過多之細根。（此動作需將大部分較黑的舊根盡數剪除）

9 圖中塊狀根系是於前幾次作業時，將過大根系剪除結痂後所留下的塊狀根系。

10 清理完土石及修剪舊根後之樣貌。（若換盆植栽類似圖片中之老松，則建議續留土團以保留最佳樹勢）

11 盆器平放後，先倒入些許介質並鋪平，接著再次倒入介質於盆器中央成金字塔狀。此舉是為了避免植栽根團置入時，盆底中央與土團間產生中空狀態。

12 輕輕將植栽土團植入新盆中，慢慢的將植栽頭緒推移至適當位置。

13 於垂直位置進行挪移作業時，將砂土介質作反方向填積，此時可將固定植栽的鋁線略微轉緊，接著再慢慢將砂土介質均勻倒入一部分。拉力根上方塑膠墊片具保護作用（避免產生鋁線壓痕），於半年或一年植栽穩定後可拆除。

14 接著要借助一開始固定於枝梢的標竿，視其是否有回到當初預設的垂直角度與原先設定之正面，於角度位置確定後，再將所有的固定線確實扭緊。

15 將盆邊空隙確實填滿，再以尖狀物一一推積紮實。

16 換盆作業完成後，以細水澆灌直至水流從盆底洩出為止。

[感謝張欽地先生提供此次作業素材及技術協助]

工具、盆器、防蟲網、植栽固定線之準備

換盆工作前，完善的工具準備可避免作業時手忙腳亂。工具的選擇因人而異，因筆者對於五葉松換盆一事無不謹慎小心，所以在工具選擇上盡量以專業工具為之。

根據經年累月經驗，筆者深信紮實的換盆作業可避免或降低換盆後樹勢回穩前的傷亡率，因此在植栽固定作業上採取謹慎的固定方式，盆型上會選擇具較多排水孔的盆器，如此可容納較多條來回穿梭的固定金屬線。

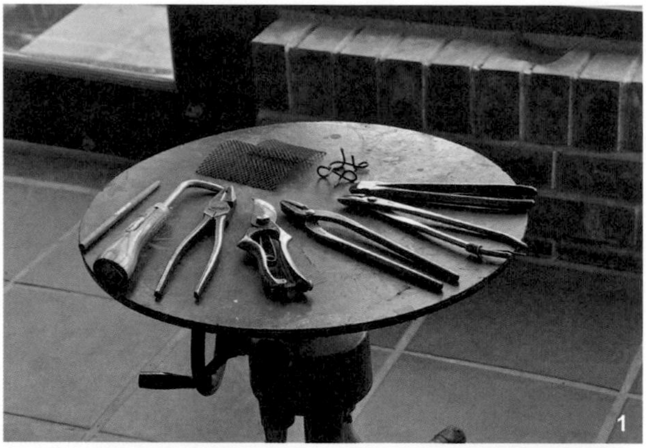

1 換盆時所需之工具。**2** 左為長方盆，因盆器寬敞，排水孔有 6 個之多；右為古鏡型淺盆，雖只有 4 個排水孔，但仍可用上三條固定植栽之金屬線。

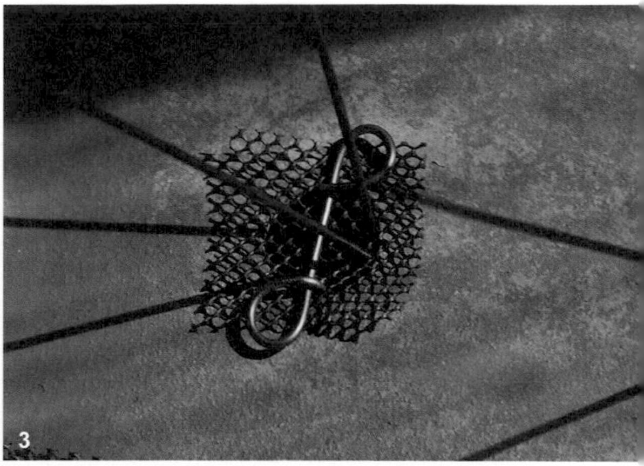

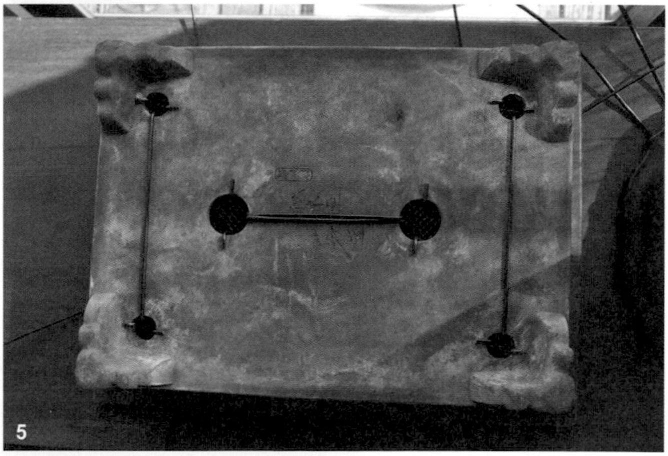

3 有效的防蟲網固定方式，使換植工作更為順暢。4 古鏡型盆底面。5 長方盆底面。（植栽固定線盡可能旋緊）6 長方盆與古鏡型盆底面。

盆景彷佛是永遠處於變化中，只有進行式的藝術品。它具有時間性、推移性、季節變化性，期許著觀賞者必須培養敏銳的鑑賞眼光，如同欣賞各種藝術品一樣，試著進入創作者的世界，觀其所想，如此才能完全感受到創作者透過眼前盆景所想要傳達之意象，從展現出的樹態引發共鳴的情感渲染，此乃身爲創作者最爲欣慰之事。

一棵能令觀者感動並引人入勝的作品，除了須具備安定、統一、調和及變化之元素外，更有立地環境之聯想展現、耐人尋味的空間感、自然流暢的線條美、豪邁氣魄之暢快感、虛懷若谷之翩翩文人氣息，而如何養成基本鑑賞能力，筆者認爲除了從書籍、網路去認識五葉松樹形的基本定義、整體比例的美感外，再者，就是多看、多問、甚至是自己動手創作，那其中深刻獲得的學習與樂趣，是任何形式也取代不了的。

樹形鑑賞

微揚迎曦三幹五葉松

說明：樹高約65 cm

盆器：下帶長方黃泥盆

筆者深感這是一件很成功的三幹作品。整株樹身先是略微左傾，樹身高度過半後再微微朝右伸展，彷若是挺胸展臂喜迎日日如金粉灑落之朝陽。

此作品以同中有異的三棵樹幹組合而成，若單取任何一棵，皆可能落爲破相之樹，但集其樹身粗細略別，又極有默契一同斜伸，構成鬱鬱松林之相，每株立松在各自的領地，互相展枝，前後錯落，對目相迎，高度起迭亦各自謹守其分，使得三棵缺枝的破相之松以饒富趣味的方式組合在一起。

這頗具個性的原野松林搭上較淺薄及銳角豐富的長方盆，醞釀出相當的張力卻又見調和的氣息。

具有安定、統一、協調感的叢生樹形。

枝棚参差間，依然留有恰當
的餘裕空間。

枝棚外側枝條延伸的長
短不一，適度提高了此
作品的層次感。

原始素材樣貌。

樹形鑑賞

斜幹樹形──不對稱中的安定與平衡

幾次更迭換枝而成的斜幹樹模樣，不難看出素材培養者的用心與耐心。首先，由頭緒慢慢往樹冠看去，從盆面下四面八方集向於頭緒的拉力根已爲這樹的安定感奠定了充分基礎，這樣安定感極佳的根張頭緒，引人進入立地環境之遐想，而左右兩側的出枝，更是豐富建構了樹身與葉面積的不等邊三角形，也使得這不等邊三角形與長方形盆器的巧妙平衡搭配特別順眼耐看。

昂揚翹首轉折傾於右側的樹身，與雍容大度的右側大托枝，讓此樹身的視覺有了似失去平衡卻又平穩站立的協和感，而葉群層次分明的第一要枝~右大托枝，迤邐而下後與右側盆面構築出一個引人入勝的空間之美，無拘無束的自然況味，再看看此樹葉群間構成的間隙，特別顯出此樹空間的餘裕與自在。

安定感是此種樹形跳躍出的第一印象。層次分明搭建出枝棚的空間美，不僅明媚的展現主幹樹身，且能留有餘裕使處於中高位置的背後裡枝巧妙探頭而出。

說明：左右長85cm，高80cm
盆器：撫角長方朱泥盆
盆栽提供：張欽地先生

樹形鑑賞

山樹大懸崖

說明：上下約80㎝
盆器：隅入紫泥正方盆
盆栽提供：游欣耀先生

筆者認為此盆景是難得一見的五葉松姿型。從頭緒延伸到尾端的舍利樹身，與荒老的水線樹皮各司其職，形成饒富興味的畫面。盆面上的拉力根，因長年強烈日照造成多層次的舍利根在上，水線在下的拉力根卻依稀牢牢的抓住地面不放。拉力根收起轉至頭緒後直轉而下，越過盆緣後再直線下降的垂宕直至尾端再急轉而上，如此構築出極俐落、不拖泥帶水的乾淨畫面。

而急轉向上的樹身卻在極有限的空間內將葉群所需的枝棚，潑灑出層次分明的分流逸散，這上下壓縮而生成的葉群，成功營造出懸崖樹形該有的懸浮飄移感，而簡潔瀟灑身軀更展現出和諧、上下對稱的生命力。

早年取材於山巔野嶺間，其無分枝的流暢樹身是其特點。

極具統一性的拉力根，強烈的呼應著急探而下的葉群頂冠。

歷經多次更迭的樹幹與天枝，可瞧見臺灣五葉松在野地生存的旺盛生命力。且因是自然換枝，其換枝切口處絲毫不見腫大之樣貌。

於西元 1980 年得手的原始羞澀模樣。1995 年開始進行改作至現今大懸崖樣貌。

樹形鑑賞

迷你趣味盆栽

說明：左右約15cm

盆器：手捏變形盆

趣味橫生的五葉松迷你盆栽，以手捏變形盆與流向分明的樹身做一完美搭配。如同山坡岩面般由斜向開口盆器安身立地，紮地扶搖而上。細瘦樹身幾經轉折而至分枝後的葉面積，巧妙地與盆器間駐足於適當距離。樹身中段處略爲巧妙探頭的啃幹枝，適度的破解因規律性轉折樹身所造成的無趣之感。而樹形雖小，但交錯有致的左右出枝～右側托枝的長度與左側受枝恰如其分的各自參差。背後裡枝以不搶

分的態度，在左右枝中穿梭，使整體樹姿的立體感隱約而現。這樹終究順應立地環境扶搖而上，構成飄逸之美，唯獨需等待由時間填補的荒老樹皮了。

樹身尺寸雖迷你，但斜身委婉扶搖而上，立體感豐富。松葉長度控制得宜，更是增添了整體樹態的活潑度。選搭手捏斜向不規則開口小盆，笑看一逕往外跑的松枝，呼應成趣。

樹形鑑賞

山樹二代木

臺灣五葉松盆栽鮮少以一樹截斷後，再以一枝或一芽創作成樹的盆栽樹形。然而這類型的創作，很符合山野林間因天然災害而形成的二代木姿態。此樹的欣賞重點在於毫無贅餘、渾然天成的神舍利枝與單一一枝創作而成的不等邊三角形葉群。形成一綠葉與灰白舍利雖具對比色彩，卻毫無違和的協調畫面。正面微微滑過樹身的樹身舍利，巧妙地爲直立樹幹增加活潑調性，而富有年代感的荒老樹皮卻又爲這二代木增添了幾許歲月洪荒的滄桑。

這盆樹以大小型態適中的盆器，高度直徑適中的樹身，恰到好處的頭緒大小，枝條肌理頗佳的葉群，再加上突出於天枝上的舍利神枝，形成令人遐想的美麗畫面。

說明：樹身高約50 ㎝（含舍利枝）

盆器：外緣鐵砂長方盆

其寬闊頭緒及天枝處奠定了此樹安穩的視覺感受，再以不等邊三角形葉群，搭配威武凜然的壯碩幹身，輔以沉穩內斂的長方形盆器，著實貼近盆栽世界中追尋之安定感。

突出於不等邊三角形葉群上方的灰白舍利神枝，暗示著其因天然災害後的重生之力。

於適當位置更換樹身分枝，剛好被大部分分枝所覆蓋，巧妙地化解一般松樹更迭轉枝時樹身易腫大的問題。

創作前之模樣。

創作初期樣貌。

草葉集的日常

回想與盆栽植物的接觸，可把光陰拉回四十幾年前，從門庭那棵枝葉繁茂的楊桃樹及高聳的蓮霧樹開始。兒時記憶中，花草樹木總是在生活周遭隨處可見，縱使楊桃樹上米粒般大小的粉紅色花朵仍難逃雙眼，而如同粉撲般總是讓蜜蜂孜孜努力鑽進竄出的潔白蓮霧花，也是讓人目不轉睛的風景。這植物與生活的結合，根深蒂固在筆者生活環境，加上同樣對花草樹木有強烈興趣的祖母及家父不時從鄰家親友各處搜集植栽，使得無論是數量還是種類，屋前的植栽苗木皆愈發多樣化了。

或許是受基因影響及耳濡目染，喜好盆栽種植培育的小苗就這麼在內心悄然發芽，也從此牢牢紮根在我的人生，隨著歲月物換星移，從年輕初學的自信，塑造出自認最理想的樹形，到藉由各種學習重新沉穩了稚嫩的衝勁，將視野帶入了山川林地間，漸漸的由人為加諸的轉變趨近於毫無人工鑿斧的自然樹形，而這長年自然演替而成的樹形，亦可親近人們心中，讓人不禁體悟到，盆栽不論是何相貌或大小，始終陪伴支撐著人們度過每一天的喜怒哀樂，因而期待將這樣的感受心情傳遞給更多朋友，這也是筆者創立草葉集生活與盆栽教室的初衷

在盆栽學習中，左右枝棚不等邊三角形、葉面積的對稱與不對稱、樹身微傾虛

夜間的草葉集，經常是寧靜中只聞蟲鳴蛙叫。

刻意將四季變化輪轉的楓樹種植於屋前的東南角，盛暑時，濃密的楓葉可擋住炙熱的陽光，而秋冬時分逐漸落葉的楓樹，恰巧讓暖暖冬陽灑進草葉集前廊，這樣夏綠冬紅的輪番美景就在眼前。

懷若谷暗示著對觀賞者的謙遜、騰空樹身探頭枝隱喻的立體感，去除贅枝後化繁為簡的風格等手法，筆者一直企圖巧妙融入生活空間的設計概念上，同於盆栽置場所需的明亮光線及空氣，每一空間若能設計出享有自然氣流的通風，可說是極爲珍貴。

「盆栽給了我一個不一樣的人生，而盆栽卻也讓我失去了應該跟別人一樣的人生」。一開始筆者只是一位致力追求空間美感的室內設計師，每天忙碌於盡力完成業主託付的屋子，空暇之餘，就是盆栽澆水、維護等與植物爲伍的生活，而生活或工作中的靈感，常來自於每週約兩次的山區腳踏車騎行，關於盆栽或植物的塑形或是植物特性該有的種種，更是會以雙腳逐步在山壑林蔭間尋求答案。在多年前盛行部落格記錄日常的年代，筆者習慣將自行探索追求而來的盆栽課題記錄於部落格中，出乎意料地開始有許多相同興趣的朋友留言及討論，漸漸的，每周假日在園子茶間常有佇足不願離去的同好者，這時家人提議不妨建置盆栽教室，將對盆栽有興趣的同好邀聚一堂，一同學習切磋擴大這盆栽所帶來的樂趣。

未料原本只是每月一班的五葉松盆栽教學，慢慢增加到每週六、日與全臺各地同好們一起研究如何精進技法，將各種不同的美學植入盆栽，十幾年來，就過著每週一到週五從事室內設計工作，週六及週日則放下鉛筆拾起刀剪工具，將草葉集盆栽教室的教學更紮實的傳授給每位學員，朋友常問我這樣日以繼夜不累嗎？其實，每天與興趣爲伍的生活何累之有呢？

空間的元素大多以水平垂直居多，偶爾也穿插些不安分的素材活潑視覺效果。

縱使是一成不變的空間，也因增添幾株植栽而讓空間產生了顏色。

即便只是一叢絕處而生的小草，
依然欣喜於它的堅韌與美好。

深山縱谷中印記著自己的
足跡。（背景是筆者經常
造訪的鐵比侖峽谷）

後記

從整理資料至下筆，直到書本完整付梓出版，雖僅有短短一年有餘，然而在重複校對、修正及屢次至園裡實況取鏡過程中，也恰似重新檢視了筆者與五葉松四十幾年來的互相伴隨旅程。這之間筆者更是深深體會了人生一世，草木一秋。矗立架上的幾株老松或眼前這本五葉松書籍彷彿紀錄與承載著筆者曲折人生的印記與遺憾。

然這花朵卻也綻放在最痛與最美之處。書籍內容的完成，是前段人生的回眸沉澱，也是盆栽藝術追求的由繁入簡、由技轉道之心路歷程。

白色杯器與桌面間，依然透著晨曦與松枝光影。茶香松韻，緩緩謳歌，讓歲月如鏡、生命如樂，欲以生命的缺憾還諸天地、成就大美。

國家圖書館出版品預行編目 (CIP) 資料

圖解五葉松盆栽技法 / 劉立華作 ; -- 初版 . --
臺中市 : 晨星 , 2021.03
面 ;　公分 . --（自然生活家 ; 42）

ISBN 978-986-99904-0-0（平裝）

1. 盆栽 2. 園藝學

435.11　　109020832

自然生活家042

圖解五葉松盆栽技法

作者｜劉立華
主編｜徐惠雅
執行主編｜許裕苗
版型設計｜許裕偉

創辦人｜陳銘民
發行所｜晨星出版有限公司
407 臺中市西屯區工業 30 路 1 號 1 樓
TEL：04-23595820 FAX：04-23550581
行政院新聞局局版臺業字第 2500 號
法律顧問｜陳思成律師
初版｜西元 2021 年 03 月 06 日

總經銷｜知己圖書股份有限公司
106 臺北市大安區辛亥路一段 30 號 9 樓
TEL：02-23672044 / 23672047　FAX：02-23635741
407 臺中市西屯區工業 30 路 1 號 1 樓
TEL：04-23595819　FAX：04-23595493
E-mail：service@morningstar.com.tw
網路書店 http://www.morningstar.com.tw
讀者服務專線｜02-23672044/23672047
郵政劃撥｜15060393（知己圖書股份有限公司）
印刷｜上好印刷股份有限公司

定價 480 元

ISBN 978-986-99904-0-0

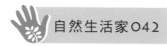